鄂尔多斯盆地低渗透致密气藏采气工程丛书

排水采气
技术与实践

田 伟 余浩杰 李 丽 贾友亮 等编著

石油工业出版社

内 容 提 要

本书依托鄂尔多斯盆地气田开发的经验，系统梳理了长庆油田排水采气工艺几十年的科研技术及生产实践。在总结气藏自身地质特点、工艺现状的基础上，对比国内外气田排水采气工艺，重点介绍了长庆油田针对鄂尔多斯盆地低渗透、致密气藏，通过长期实践形成的独具特色的排水采气工艺技术实践经验及结合工艺特点形成的气井全生命周期生产排水采气策略及技术。

本书可供从事气田开发的技术人员以及相关院校的师生学习参考。

图书在版编目（CIP）数据

排水采气技术与实践 / 田伟等编著 . —北京：石油工业出版社，2024.4

（鄂尔多斯盆地低渗透致密气藏采气工程丛书）

ISBN 978-7-5183-6173-1

Ⅰ.①排… Ⅱ.①田… Ⅲ.①气田开发 – 排水采气

Ⅳ.①TE375

中国国家版本馆 CIP 数据核字（2023）第 134807 号

出版发行：石油工业出版社

（北京安定门外安华里 2 区 1 号　100011）

网　址：www.petropub.com

编辑部：（010）64210387　　图书营销中心：（010）64523633

经　　销：全国新华书店

印　　刷：北京中石油彩色印刷有限责任公司

2024 年 4 月第 1 版　2024 年 4 月第 1 次印刷

787×1092 毫米　开本：1/16　印张：12.25

字数：320 千字

定价：106.00 元

《排水采气技术与实践》
编 写 组

组　　长：田　伟　余浩杰　李　丽　贾友亮

副 组 长：刘双全　常永峰　桂　捷　杨旭东　白晓弘　李旭日

　　　　　赵峥延　苏煜彬

成　　员：杨亚聪　李耀德　赵彬彬　惠艳妮　沈志昊　肖述琴

　　　　　龚航飞　谈　泊　宋汉华　宋　洁　卫亚明　李思颖

　　　　　王亦璇　何佳艺　王忠博　陈　勇　王晓荣　马海宾

　　　　　闫治辰　蔡佳明　谷诏闯　刘时春　樊莲莲　李　辰

　　　　　李在顺　韩强辉　胡　衡

丛书序

目前，长庆油田有六个头衔：一是世界最大的低渗透非常规油气田；二是世界十大天然气田之一；三是中国最大的油气田；四是累计生产天然气6000多亿立方米；五是中国唯一的年产天然气超 $500 \times 10^8 m^3$ 的大气区；六是拥有中国最大的年生产天然气超 $300 \times 10^8 m^3$ 苏里格整装大气田。

起初，没有多少人相信鄂尔多斯盆地的长庆油田会取得如此大的成就，就连长庆油田自己也没有想到有如此令世人刮目相看的局面。规模宏大的油气基础产业，稳定的油气增长潜力和特色鲜明的低渗透非常规文化影响力，被视为中国低渗透非常规油气田勘探开发的典范。

油气基础规模，被视为前进的基础，在超大基数上实现相对稳定增长，必然伴随着超大投资，相应地稳定投资是增长的基础，从某种程度上是一个更大范围内的计划平衡结果。为此，这种模式可否持续，涉及方方面面，如果某一个方面出现不协调，都会影响油气基础规模的增减，为了使油气基础规模相对稳定且实现增长，就需要设置一个油气稳定增长的常数，而这个常数必须是实事求是的，经过科学计算的，而不是人为设置的。

油气增长潜力，当油气规模基础达到历史最高值后，显而易见的做法，必须考虑增长潜力在何方？就一般规律而言，增长无非就是老油田提高采收率、加密井、动用潜力层、合理设置参数等，但这只能解决相对稳产问题，解决不了在相对稳产基础上实现相对增长问题，而增长问题必须解决储量供给问题。也就是说，要解决油气新增的储量问题，或者说是要解决新天然气田的发现问题。鄂尔多斯盆地油气勘探要重视未知区域，如煤岩气的机会、深层油气机会、页岩气的机会和页岩油的机会，这些新的领域比人们想象的要大得多，这些都需要下功夫去认识和实践。

低渗透非常规文化影响力，是指长庆油田特色鲜明的文化影响力，其本质是"低渗透非常规""攻坚肯硬，拼搏进取""好汉坡精神""一切注重实际效果"和"低成本战略"等，这些具有明显的黄土文化和陕甘宁地域文化的特色，这种文化孕育了开发低渗透非常规油气田的石油人，形成了开发低渗透非常规油气田的理论和技术体系，缔造了中国最大油气田和世界最大低渗透非常规油气田，这是长庆油田乃至中国石油最宝贵的物质文化财富。

此外，随着时间的推移，人们对长庆油田低渗透非常规"油气基础规模、油气增长潜力和低渗透非常规文化影响力"有了越来越多的认识，这个认识虽然是渐进的、缓慢的，甚至是不乐于接受的。但是，已经形成了客观存在，在无形中和无选择中接受了它的存在和它的价值。

"油气基础规模、油气增长潜力和低渗透非常规文化影响力"三大邻域成果，最核心的是"低渗透非常规文化影响力"，它是支撑中国最大油气田和世界最大低渗透非常规油气田的底气，而底气源于超大的油气产量规模、油气协调发展、亦东亦西的地缘环境和低渗透非常规技术的人才优势。

超大油气产量规模，2022年油气储量规模达到 6700×10^4t 当量规模，在中国毫无疑问是站在第一的位置，在世界也是最大规模的位置。试想在 20 多年前根本不被人看好的鄂尔多斯盆地长庆油田，现在站在了被人仰视的位置和受人尊敬的油田企业，它的优势源于低渗透非常规 6700×10^4t 油气当量。

油气协调发展，是每一个油田企业都想实现的目标，但是受到天时、地利、人和的制约，不是想能实现就能实现的目标。它是各种因素的耦合而形成的，鄂尔多斯盆地南油北气、上油下气，各种资源天然组合，形成长庆油田协调发展的最大优势。

亦东亦西的地缘环境，长庆油田处在陕甘宁蒙，严格讲属于中国中部，东接市场发达地区，油气产品就近扩散，西接资源丰富的西北地区，油气资源就地开发，处在进可攻、退可守的位置，地理环境十分优越，这在中国只有几个为数不多的油气田有这样的地理优势。

低渗透非常规技术人才，是长庆油田成功的关键，50 多年来长庆油田培养了一大批热心低渗透非常规高素质的劳动者，培养了一大批热心低渗透非常规高水平的技术人才，高素质的劳动者和高水平技术人才组合，形成了开发低渗透非常规油气无敌军团，以足够的耐心、恒心、决心和信心，才成功开发了被世界公认为难啃的骨头——鄂尔多斯盆地低渗透非常规油气资源。

当今世界正处于百年未有之大变局，全球能源格局深刻变革，能源价格及供需关系波动频繁，能源的战略稳定意义日趋重要，天然气尤其是致密气、非常规气藏的开发将是中国能源发展的战略重地。长庆气田的成功开发，创新形成致密气藏高效开发模式，引领了国内致密气藏开发的跨越式发展。在全国人民实现第二个百年奋斗目标的历史新起点，在中国式现代化建设的新征程上，编写《鄂尔多斯盆地低渗透致密气藏采气工程丛书》（简称《丛书》），对于树立国内外致密气藏高效开发典范、引领低渗透气藏采气行业发展，具有重要意义。

《丛书》系统总结了中国石油近 50 年来在鄂尔多斯盆地低渗透、致密气藏开发采气工艺领域取得的系列科研成果及生产实践经验，涵盖了整个致密气田开发钻采工艺技术系列。重点介绍了鄂尔多斯盆地低渗透、致密气藏排水采气、井下节流、柱塞气举、气田强排水采气、数字化智能技术、钻采工程、提高采收率等低渗透、致密气藏规模高效开发的关键技术成果。编著者均为长期从事采气工程开发的专家、科研工作者及专业技术人员，展现了低渗透、致密气藏开发采气工程的前沿技术，体现了丛书的权威性、系统性和先进性。

该套丛书的出版，为低渗透、致密气藏有效开发提供了一套成熟完备的采气工程借鉴方案，将对新形势下中国天然气的开发及优化管理起到积极的指导作用，希望广大天然气开发领域的研究者、设计者、建设者与生产管理者能将其作为学习工作的必备工具书，充分发挥其资政传承、交流提升的作用。

中国工程院院士 胡文瑞

2023 年 9 月

前　言

　　长庆气区作为国内最大气田，属于世界典型的岩性低渗透、致密气藏，从 1970 年至今已经过 50 余年的勘探开发历程，主要开发区域为鄂尔多斯盆地及外围的盆地油气区，石油和天然气资源丰富，勘探领域广阔。鄂尔多斯盆地天然气总资源达到 $10.95 \times 10^{12} m^3$，为世界级整装大气田，占国内陆上天然气资源量的 28.2%，具有资源潜力雄厚、储量规模大、储层类型多、分布面积广等特点。

　　鄂尔多斯盆地地质条件复杂，是典型的"三低"气藏（低压、低渗透、低丰度），储层致密、物性差、非均质性强、单井产量低，一度被认为是"世界上最难开发的气田"。历经几十年的艰辛探索，长庆油田分公司紧扣低渗透油气藏开发技术关键，不断突破，集成创新了快速钻井、分压合采、井下节流等 12 项开发配套技术，取得了多项显著成果，实现了气田的规模有效开发，推动了长庆油田的快速发展。通过持续深入的攻关，创新形成了独具特色的低渗透、致密气藏勘探开发技术系列。截至 2021 年底，长庆油田分公司先后发现并成功开发靖边、榆林、苏里格、神木等 13 个气田，累计向国家贡献天然气 $5155 \times 10^8 m^3$，为保障国家能源安全和优化能源消费结构作出了突出贡献。天然气开发持续上产，助力长庆油田跨越 $6000 \times 10^4 t$ 当量，再攀新高峰，创造了低渗透油气田高效开发的世界奇迹。

　　长庆气田的开发引领了国内低渗透气藏开发的跨越式发展，建立了低渗透、致密气藏的开发模式。本书系统总结了长庆气田排水采气工艺的技术成果及生产实践经验。本书共八章，主要介绍了低渗透气田的生产、采气发展现状及各项排水采气工艺的应用情况，重点叙述了气井智能积液诊断、柱塞气举、速度管柱、泡沫排水采气等长庆气田特色技术的工艺原理及突出进展，同时结合气田近年来的持续攻关探索，提出了气井全生命周期排水采气策略及技术。本书内容详尽、重点明确，对于相关低渗透、致密气藏开发具有较好的借鉴参考价值。

　　本书是长庆油田分公司从事气田生产采气工艺技术专家多年的努力付出与智慧的结晶。值此本书出版之际，特向长庆油田分公司油气工艺研究院的专家及科研工作者致以诚挚的感谢。

目　录

第一章　绪　论

长庆油气区地跨陕西、甘肃、宁夏、内蒙古、山西五个省（自治区），开发区域为鄂尔多斯盆地及周缘的断褶盆地和沉降区块，勘探面积 $37 \times 10^4 km^2$，涉及陕西省榆林市、横山区、靖边县、佳县、米脂县、子洲县、定边县、志丹县、安塞区及内蒙古自治区乌审旗和鄂托克旗等[1]。

鄂尔多斯盆地属于构造稳定、多旋回演化、多沉积类型的大型克拉通盆地，盆地本部面积约 $25 \times 10^4 km^2$。盆地发育中—新元古界、古生界、中生界和新生界，沉积岩平均厚度为 5000~6000m。主要发育上古生界、下古生界两套含气层系和中生界侏罗系、三叠系两套含油层系，其中下奥陶统马家沟组和中—下二叠统下石盒子组、山西组是主要的含气层组。盆地内以长城为界，北部为干旱沙漠、草原及丘陵区，地势相对平坦，海拔 1200~1350m，南部为干旱—半干旱黄土高原，沟壑纵横、梁峁交错，黄土层厚 100~300m，海拔 1100~1400m。

鄂尔多斯盆地石油和天然气资源丰富，领域广阔，总资源量 $16.3 \times 10^{12} m^3$。截至 2019 年底，气区累计探明天然气地质储量 $6.49 \times 10^{12} m^3$（含基本探明储量 $2.66 \times 10^{12} m^3$）。根据上古生界和下古生界两套层系特点，配套形成了不同的生产工艺模式。

第一节　气藏地质特点

鄂尔多斯盆地具有储层类型多、分布面积广、资源潜力雄厚、储量规模大等特点。同时，气田有典型的低压、低渗透、低丰度特点，非均质性强，区块差异较大，气田开发生产难度大。目前已投入开发七个气田，即下古生界奥陶系海相碳酸盐岩气藏（靖边气田）和六个上古生界陆相砂岩气田，包括苏里格气田、榆林气田、子洲—米脂气田、神木气田、宜川—黄龙气田、庆阳气田[2]。

一、靖边气田

靖边气田（2001 年前曾称为陕甘宁中部气田，后与榆林气田统称长庆气田，随着乌审旗、苏里格、子洲等气田的发现，于 2001 年 1 月更名为靖边气田）是长庆油气区天然气业务的发祥地和主力气田之一，也是继四川气田之后，20 世纪 80 年代后期探明的、中国陆上最大的世界级整装低渗透、低丰度、低产气田。

靖边气田位于陕西省北部与内蒙古自治区交界区，地跨陕西省靖边县、横山区、榆林市、安塞区、志丹县和内蒙古自治区乌审旗、鄂托克旗。气田南部为黄土高原，北部和西北部为毛乌素沙漠和腾格里沙漠南缘，紧邻黄河河套地区。地面海拔 1120~1820m，为内陆性干旱—半干旱气候。夏季最高气温 36℃，冬季最低气温 −28℃，年平均气温 7.8℃，昼夜温差大，雨量较少，年平均降水量 418mm，冬春多风沙。

靖边气田位于陕北斜坡中部、中央古隆起东北侧的靖边—横山一带，北界至召4—陕199井，南界到陕108井，东到陕202井一线，西接陕53井，走向为北北东向，是一个长近240km、宽近130km、面积 $3.12×10^4km^2$ 的与奥陶系海相碳酸盐岩有关的风化壳型低渗透、低丰度、低产大型复杂气田。靖边气田区域构造为一宽缓的西倾斜坡，坡降一般为 3~10m/km。在单斜背景上发育着多排近北东向的低缓鼻隆，鼻隆幅度一般为 10~20m，宽度为 3~6km。勘探开发实践证实，这些低缓的鼻隆构造对天然气的聚集不起控制作用。

奥陶系风化壳侵蚀古地貌为一近南北向展布的广阔低矮的台地和宽缓浅凹的谷地组成的丘状平原。地震、钻井揭示，靖边气田发育九条深大沟槽，且树枝状支潜沟发育。沟槽及潜沟中充填有石炭系本溪组底部铝土质泥岩，在上倾方向形成遮挡，为靖边气田的成藏条件之一。综合研究表明，靖边下古生界气藏为地层—岩性圈闭气藏。

靖边气田本部孔隙度为 2.0%~8.3%，平均为 5.47%；渗透率为 0.3~15.2mD，平均为 3.48mD。靖边气田古潜台东孔隙度为 2.0%~8.0%，平均为 5.3%；渗透率为 0.1~10mD，平均为 1.81mD。主力产层是马五$_1$段，其次是马五$_2$段，局部地区为马五$_4$段。主力气层马五$_1$段以细粉晶白云岩为主，马五$_{1+2}$气藏埋藏深度为 2960~3765m，各区原始地层压力为 30.99~31.92MPa，平均为 31.42MPa，平均压力系数为 0.95。压力分布总趋势是西部高、东部低，南部高、北部低，由南向北平均值依次变小。平均地层温度为 107℃，温度梯度为 2.94℃/100m，天然气组分和物理性质稳定，马五$_1$气藏相对密度为 0.589~0.631，全区平均为 0.610。甲烷含量为 93.23%~94.89%，平均为 93.89%，属于干气气藏。H_2S 含量最高为 $31.2g/m^3$，平均为 $691.1mg/m^3$；CO_2 最高含量为 9.05%，平均为 5.14%。地层水属 $CaCl_2$ 水型，总矿化度分布范围一般为 24.7~115.2g/L，平均为 50.27g/L；pH 值一般为 4.7~5.8，平均为 5.3。

截至 2003 年底，靖边气田已发现下古生界马五$_{1+2}$段、马五$_4$段和上古生界盒8段、山1段、山2段等多套含气层段，靖边气田下古生界动用含气面积 $3719.6km^2$，动用地质储量 $2646×10^8m^3$，动用程度 92.17%；上古生界动用地质储量 $197×10^8m^3$，动用含气面积 $203km^2$，动用程度 38.89%。

二、榆林气田

榆林气田于 1995 年发现，气田位于鄂尔多斯盆地伊陕斜坡构造带上，根据地理位置划分为长北合作区和榆林南区两个区块，主要含气层为下二叠统山西组山2段，次要含气层为中二叠统下石盒子组盒8段和下奥陶统马家沟组马五段。

榆林气田位于陕西省榆林市和内蒙古自治区境内，勘探范围北起内蒙古南部，南至塔湾，西邻靖边县，东抵双山；南北长 104km，东西宽 82km，面积 $8500km^2$。

榆林气田地处黄土高原，地势东北高、西南低，地表条件差异较大。以无定河为界线，北部为毛乌素沙漠，南部为黄土塬地貌，地面海拔在 950~1400m 之间。

榆林气田所属区为暖温带和温带半干旱大陆性季风气候，四季分明，昼夜温差大，无霜期短，年平均气温 10℃，气候干旱，年降水量 438mm，多集中在 7—9 月三个月；气象灾害较多，3 月、4 月和 10 月、11 月常有 5～6 级大风，时常伴有沙尘暴；不同程度的干旱、霜冻、暴雨、大风、冰雹等灾害时有发生。

榆林气田构造位于伊陕斜坡的东北部，构造形态表现为宽缓的西倾单斜，坡降一般为 6m/km。基底主体为太古宇和下元古界变质岩系，沉积盖层呈现古生界碳酸盐岩、膏盐岩，上古生界海陆过渡相煤系以及中—新生界内陆碎屑岩三层沉积构造特征。

榆林气田的主要含气层为下二叠统山西组山 2 段，次要含气层为中二叠统下石盒子组盒 8 段和下奥陶统马家沟组。根据岩心分析结果，结合试气、试采、相对渗透率曲线及毛细管压力等特征，该气田为低孔隙度、中低渗透气藏。驱动类型属于定容弹性驱动气藏。

榆林气田甲烷含量在 94%（体积分数）左右，非烃类气体（N_2、CO_2、H_2S）含量低，平均为 2.085%，H_2S 平均含量为 5.3mg/m^3，属于微含硫级别，CO_2 含量在 1.7% 左右，微含凝析油，天然气组分平面分布比较稳定，天然气品质优良。气藏 Cl$^-$ 含量为几十毫克/升至几万毫克/升，平均为 2267mg/L，总矿化度平均为 4328mg/L，不属于地层水的范围，且水气比稳定在 0.082m^3/10^{4}m^3 左右，属于凝析水。

榆林气田主力气层为山 2 段，2000 余块岩心分析渗透率分布在 0.01～10mD 之间，平均为 8.865mD；孔隙度分布在 2%～12% 之间，平均为 6.2%；储集空间以残余粒间孔为主，其次为高岭石晶间孔，溶孔不发育。气藏埋藏深度为 2650～3100m，地层压力范围为 22.93～28.87MPa，平均为 26.71MPa；压力系数为 0.78～1.03，平均为 0.94。山 2 段平均地层温度 86.0℃，地温梯度为 2.99℃/100m。

自 1996 年在陕 141 井上古生界山西组山 2 段砂层试气获得井口产能 19.4981×10^{4}m^3/d（气井绝对无阻流量 76.78×10^{4}m^3/d）后，榆林气田上古生界砂岩气藏开发大致经历了勘探评价、长北合作区试生产、榆林气田南区规模开发三个阶段。

1. 勘探评价阶段（1995—2003 年）

榆林区天然气勘探坚持地震先行，地震、钻井、地质、测井、测试紧密结合，采用多种方法进行砂岩储层预测，钻井钻探成功率达 85% 以上。1996—1997 年底，在长北合作区共部署了二维地震测线 3014km；完钻探井 20 口，完试气井 19 口。1997 年 8 月 8 日至 10 月 19 日，对陕 117 井进行了四个工作制度的修正等时试井；2000—2003 年，共在榆林南区部署实施开发地震测线 1190km，提供开发井位 100 多口；2003 年 3—6 月，对榆 20 井进行了修正等时试井。通过 8 年多的勘探评价，逐步认识到榆林气田山 2 段气藏具有砂体厚度大、横向上分布稳定、主力气层突出、渗透性好、单井产能高及气井稳产好等特点。

2. 长北合作区试生产阶段（1999—2001 年）

1999 年，经中华人民共和国对外经济贸易部批准，榆林气田长北区块签订天然气开发和生产合同，翻开了长庆油田低渗透气田国际合作开发的新一页。长北合作区利用探井 7 口，新建 9 口生产井，共建生产井 16 口，采用靖边气田地面建设模式，采用橇装三甘醇脱水常温分离工艺流程，建集气站 4 座，集配气总站 1 座，形成 3×10^{8}m^3/a 的试生产能力。

3. 榆林气田南区规模开发阶段（2001—2005 年）

2000 年，随着长庆气田的开发加速，榆林气田勘探部署向南部区域陕 215 井区推进，先后钻探陕 215 井、陕 217 井，压裂试气获得 $15 \times 10^4 m^3/d$ 以上的工业气流，至此榆林气田整体上划分为长北合作区和榆林南区两个区域，实施规模开发。2001—2005 年，榆林气田南区共投入开发陕 141、陕 211、陕 20、陕 215、榆 37、统 3 和台 3 等 7 个区块，发现了本溪组、太原组、石盒子组以及下古生界马家沟组等多套含气层系，累计建产能 $20.1 \times 10^8 m^3/a$。

三、苏里格气田

苏里格气田于 2000 年发现，勘探初期称为长庆气田苏里格庙区。2001 年 1 月更名为苏里格气田，同年投入试采。

苏里格气田系鄂尔多斯盆地复杂岩性气藏，主力产气层为下二叠统山西组山 1 段至中二叠统下石盒子组盒 8 段，埋藏深度为 3200～3500m，厚度为 80～100m，为砂泥岩地层，属于低压、低渗透、低丰度，以河流砂体为主体储层的大面积分布的岩性气藏。

苏里格气田行政区划属内蒙古自治区鄂尔多斯市，西起鄂托克前旗，东至乌审旗，南到陕西省的定边县，北抵鄂托克后旗。勘探面积约 20000km²。苏里格气田是目前中国陆上发现的一个特大型气田。

苏里格气田地处鄂尔多斯盆地西北部。气田北部地表为沙漠、碱滩和草原区，海拔 1200～1350m，地表地形相对高差 20m 左右，地势相对平坦；南部为黄土塬地貌，海拔 1100～1400m，由于长期被风沙雨雪侵蚀，沟壑纵横、梁峁交错，地形地貌复杂。

苏里格地区为大陆性半干旱季风气候，夏季炎热、冬季严寒；昼夜温差大，无霜期短；冬春两季多风沙；降水量小、蒸发量大，气候干燥。冬季气温 −20～−10℃，最低气温 −38℃；夏季气温 15～25℃，最高气温 36℃。

苏里格气田位于鄂尔多斯盆地伊陕斜坡西北侧，构造形态为一由北东向西南倾斜的单斜，坡降大致为 3～10m/km。气田区内发育多个北东向的鼻状构造，宽度 5～8km，长度 10～35km，起伏幅度 10～25m。苏里格气田气藏分布受构造影响不明显，主要受砂岩的横向展布和储集物性变化所控制，属于砂岩岩性气藏。

苏里格气田储层辫状河和曲流河沉积发育，砂体内部结构存在差异，表现为纵向上多期叠置、横向上复合连片，形成宽条带状或大面积连片分布的复合砂体。沉积多呈北东、北西或南北向的透镜状或条带状分布。有效砂体分布具有很强的非均质性，分布局限，连续性和连通性都差。

苏里格气田主力气层盒 8 段砂层厚度为 15～45m，平均有效厚度为 8.2m，气藏深度为 3170.2～3592.3m。据 71 口取心井气层段岩心分析统计：盒 8 段气层孔隙度为 5%～12%，平均为 8.95%；渗透率为 0.06～2mD，平均为 0.73mD；山 1 段气层孔隙度为 5%～11%，平均 8.5%；渗透率为 0.06～1.0mD，平均为 0.589mD；属于低孔隙度、低渗透气藏。气藏压力为 27.6～32.6MPa，压力系数为 0.771～0.914，平均为 0.87，属于正常压力系统。地温梯度为 3.06℃/100m，气层段温度为 100～115℃。

苏里格气田天然气组分中甲烷平均含量为 92.5%，乙烷平均含量为 4.525%，CO_2 平均含量为 0.843%，不含或微含 H_2S，气体相对密度为 0.6037，凝析油含量为 2~5g/m³。

从 2001 年开发早期介入，2002 年苏 6 井区先导性开发试验区投入试采，苏里格气田正式开发，经历了三个阶段。

1. 开发前期评价阶段（2001—2005 年）

苏里格气田发现后，长庆油田分公司根据对气田的认识和工作部署，在该阶段开展了大量前期开发评价工作，认识到苏里格气田是低渗透、低压、低丰度的"三低"气田，提出了面对现实、依靠科技、创新机制、简化开采、走低成本开发路子的基本指导思想，解决了苏里格气田的认识问题。

从气田发现到 2001 年底，勘探初期连续 5 口井获得高产，表现出苏里格气田大面积分布、气藏物性好、储量大的特点。长庆油田分公司决定在加快整体勘探的同时及早开发介入。2001 年部署实施评价井 4 口，仅 1 口井（苏 40-16 井）获得工业气流，气层有效厚度最大 12.9m，最小 4.7m，平均 9.2m，气田表现出强烈的非均质性。

2002 年，长庆油田分公司提出加强储层预测，研究有效砂体分布和走向，以提高单井产量和稳产能力为目的，开展水平井和大型压裂等开发试验。同时，围绕着寻找高产富集区、大幅度提高单井产量、以高产井实现效益开发的思路，加强储层预测技术研究，提高气井的钻井成功率；运用水平井技术开发，提高单井控制储量；采用大型压裂技术，沟通多个有效砂体，提高单井产量和稳产能力。

经过前两年的开发评价，进一步认识了苏里格气田地质情况的复杂性。从 2003 年开始，面对气田大面积、低渗透、低产的现实，长庆油田分公司首先加强地质解剖和地震的攻关研究；其次，强化钻井、压裂等工艺技术攻关；同时，简化地面工艺流程，降低工程造价和开发成本，走低成本开发的路子。

2. 气田合作开发初期（2005—2006 年）

在前期评价的基础上，引入市场机制合作开发，创建了苏里格气田"5+1"合作开发新模式，解决了苏里格气田大规模开发问题；2005 年 6 月，长庆油田分公司组织召开苏里格气田开发技术交流会，同时邀请中国石油天然气集团公司未上市企业合作开发苏里格气田。同年底，长庆油田分公司遵循"互利双赢、共同发展、管理简单、运行高效、技术创新、成果共享"的原则，引入长庆石油勘探局 ❶、辽河石油勘探局、四川石油管理局、大港油田集团、华北石油管理局 5 个单位合作开发苏里格气田的 7 个区块，并与各合作方签订《苏里格气田合作开发标准合同》，拉开了苏里格气田合作开发的序幕。

3. 气田规模开发阶段（2007 年至今）

重点解决如何提高开发水平和效益的问题，努力建设现代化的苏里格大气田。同时，与道达尔公司合作开发苏里格南项目，2010 年作业权转为中国石油，2012 年实现首气，

---

❶ 1999 年 7 月，长庆石油勘探局重组分立为长庆石油勘探局和中国石油天然气股份有限公司长庆油田分公司。

2013 年底苏里格气田建成 $235 \times 10^8 \mathrm{m^3/a}$ 生产能力。

四、子洲—米脂气田

子洲气田勘探始于 20 世纪 80 年代，在此期间钻预探井榆 28 井、榆 29 井，获工业气流，随着勘探的不断深入，截至 2008 年底，共完钻探井 77 口，累计提交探明地质储量 $151.97 \times 10^8 \mathrm{m^3}$，其中山 2 段探明地质储量 $922.58 \times 10^8 \mathrm{m^3}$。子洲气田于 2007 年 8 月正式投产，已动用地质储量 $300 \times 10^8 \mathrm{m^3}$。

子洲地区区域构造为一宽缓的西倾斜坡，坡降一般在单斜背景上发育着多排近北东向的低缓鼻隆，鼻隆幅度一般为 10~20m，宽度为 3~6km。子洲气田山西组山 2 段砂体为三角洲前缘水下分流河道沉积，是榆林南砂体在东南向的继续延伸。砂体平面呈鸟足状展布，砂体间发育分流间湾沉积。单个砂体厚度一般较薄，但砂体规模较大，复合砂体厚度一般为 5~25m，宽为 5~15km。

子洲气田属于岩性圈闭气藏。中部区域内无明显边、底水分布，属于定容弹性驱动气藏。西部榆 29 井一带存在地层水，气水关系较为复杂，初步认为是存在于地层下倾尾端的滞留水。储渗空间类型为以粒间孔、溶孔和晶间孔为主的复合型。储层物性类型为低孔隙度、低渗透气藏。

子洲气田主力气层为山 2 段，山 2 段主要为中粗粒石英砂岩及岩屑石英砂岩；孔隙类型以粒间孔、溶孔和晶间孔为主；孔隙度主要分布在 4%~8% 之间，平均为 5.6%，最大为 11.0%；渗透率主要分布在 0.1~10mD 之间，平均为 1.27mD，相对榆林气田山 2 段储层物性较差。气层埋藏深度为 2300~2900m，地层压力为 22.92~24.87MPa，压力系数为 0.90~1.02，平均为 0.96，属于正常压力系统。气藏温度一般为 70.0~85.0℃。

该区天然气组分中甲烷含量一般在 94% 左右，属于干气。H_2S 平均含量为 5.27mg/$\mathrm{m^3}$，属于微含硫级别，CO_2 含量在 2.5% 左右，产少量凝析油（0~1.298$\mathrm{m^3}$/d，榆 53 井为 0.0486$\mathrm{m^3}$/$10^4\mathrm{m^3}$），天然气组分平面分布比较稳定，品质优良。

五、神木气田

神木气田地处陕西省榆林市榆阳区、神木市境内，西接榆林气田，北与大牛地气田相邻，南抵子洲气田，处于鄂尔多斯盆地次级构造单元伊陕斜坡东北部，为宽缓西倾斜坡，倾角小于 1°。北部为沙漠，地形相对平缓；南部为黄土塬覆盖，地形起伏较大、沟壑纵横。属内陆性半干旱气候；降水量小、蒸发量大。年最高气温 36℃，最低 -28℃。区内交通条件便利，具有一级公路和乡村简易公路。

2007 年，双 3 井区的勘探突破标志着神木气田的发现。该气田于 2009 年开展前期评价，历经试采、规模建产后，2014 年底建成 $20 \times 10^8 \mathrm{m^3/a}$ 产能。

神木地区上古生界以海陆过渡相—内陆湖盆沉积为主。自下而上发育石炭系本溪组、二叠系太原组、山西组、下石盒子组、上石盒子组和石千峰组。其中，太原组、山西组为主力含气层段。

神木地区太原组、山 2 段和山 1 段气藏气层发育严格受砂体展布及物性控制。在主砂体发育区，气层纵向上相互叠置，但由于各层段之间厚层泥岩的分隔作用，太原组、山2段、山1段仍为相互独立的含气单元。

太原组气藏中部埋深为2600～2885m，气藏中部海拔为−1660～−1400m，地层压力为20.953～26.875MPa，平均压力系数为0.83；山2段气藏中部埋深为2745～2780m，气藏中部海拔为−1530～−1440m，地层压力为19.2995～24.3191MPa，平均压力系数为0.85；山1段气藏中部埋深为2640～2740m，气藏中部海拔为−1660～−1340m，地层压力为19.0389～21.8662MPa，平均压力系数为0.76。总体来看，压力系数为0.72～0.98，平均为0.83，属于低压压力系统。

神木地区山1段、山2段、太原组气藏的地层温度为66.2～84.8℃，利用实测地层温度与深度资料拟合，相关性较好，相关系数为0.92，由此所得的地温梯度为2.82℃/100m。

神木地区烃源岩主要位于石炭系、二叠系，物理性质相对稳定。神木气田气层分析表明，气藏属于干气气藏。甲烷含量为81.35%～95.40%（体积分数），平均为90.56%，乙烷含量为1.20%～10.32%（体积分数），平均为4.49%；二氧化碳含量为0～3.95%，平均为1.52%。天然气组分中无H_2S气体，山1段气藏平均甲烷化系数为0.951，山2段气藏平均甲烷化系数为0.931，太原组气藏平均甲烷化系数为0.959，均属于无硫干气。

六、宜川—黄龙气田

宜川—黄龙地区地理位置在延安市南部、渭南市北部，地处黄土高原腹地，地表侵蚀切割强烈，沟壑梁峁纵横分布，地形起伏较大，区内有201省道穿过，交通、通信较为便利。宜川—黄龙地区天然气勘探面积8000km²，宜川—黄龙地区构造位置横跨伊陕斜坡和渭北隆起两大构造单元，其中渭北隆起区以褶皱冲断构造为特征，伊陕斜坡区构造相对微弱，以平缓的西倾单斜为主要特征。主要目的层为上古生界二叠系石盒子组、山西组及石炭系本溪组。区内树林茂密，地震实施难度较大。截至2020年，区内共有二维地震测线2158.0km，沿沟湾侧线67条，共计1356.0km。

宜川—黄龙气田于2011年开始在黄龙地区进行前期评价，根据2011年和2012年的开发情况，累计完钻评价井15口。2017年，以宜川地区盒8段、山1段、本溪组为目的层开展评价工作，并以宜川地区山1段161.55×10⁸m³探明地质储量为基础，编制了《宜川地区评价与试采方案》。

宜川—黄龙地区上古生界目的层埋藏较浅（1500～2500m），气藏整体保存条件较好，盒2段、盒5段、盒8段、山1段、山2段及本溪组等近源或源内成藏组合均具较好的含气性，气藏叠合发育，已有20口井在上古生界获2×10⁴m³/d以上工业气流。

该区本溪组储集砂体物性、含气性较好，储层孔隙度为4.09%～8.30%，平均6.99%；渗透率为0.47～2.91mD，平均0.96mD；含气饱和度为10.17%～82.32%，平均58.29%，本溪组基本不产水。宜川地区山1段储层孔隙度为3.5%～10.9%、平均5.8%；渗透率为0.12～1.27mD，平均0.55mD；含气饱和度为1.08%～79.70%，平均39.15%，山1段基本不产水。盒8段多期砂体叠置，复合连片，平面分布规模较大，储层孔隙度为

3.37%～12.8%，平均 7.38%；渗透率为 0.21～1.44mD，平均 0.59mD；含气饱和度为 2.74%～69.27%，平均 38.31%，盒 8 段基本不产水。

宜川—黄龙地区上古生界气藏为干气气藏，甲烷含量为 91.82%～95.88%，平均为 94.2%；CO_2 含量为 0.13%～1.38%，不含 H_2S。宜川—黄龙地区下古生界气藏甲烷含量为 91.82%～95.88%，平均为 93.2%；CO_2 含量为 0.48%～1.50%，平均为 1.0%；该区块微含 H_2S。宜 6-2 井太原组＋马五$_1^4$层位试采，三次测试 H_2S 含量分别为 3.04mg/m^3、3.19mg/m^3、2.19mg/m^3。宜 6 井盒 8＋马五$_1^2$＋马五$_2^1$＋马五$_2^2$合试层位测试 H_2S 含量为 2.68mg/m^3。

七、庆阳气田

陇东地区是近几年天然气勘探评价的重点区块，位于鄂尔多斯盆地西南部，东与陕西省毗邻，西与宁夏回族自治区接壤，天然气生产建设由陇东天然气项目部管护，面积 3.7×10^{4}km^2，其中甘肃省庆阳市 2.3×10^{4}km^2、平凉市 0.5×10^{4}km^2，陕西省境内 0.9×10^{4}km^2。

区域构造横跨鄂尔多斯盆地伊陕斜坡和天环凹陷两个构造单元。庆阳气田位于陇东地区中部，行政区划属甘肃省镇原县及庆城县。庆阳气田属于典型的黄土塬地貌，地表梁峁交错、沟壑纵横，黄土堆积厚度达 100～300m，地势西北高、东南低，地面海拔为 1200～1800m。该区为温带大陆性季风气候，春季干旱，夏季温热，秋季凉爽，冬季少雪，年平均气温 8℃，年平均降水量 480mm。区内资源丰富，物产富饶。

2003—2012 年镇探 1 井、庆探 1 井、庆探 3 井相继在山 1 段获工业气流，展示良好勘探前景。2016 年提交庆探 1 区块山 1 段气藏预测储量 598.15×10^{8}m^3，2018 年提交山 1 段气藏探明储量 318.86×10^{8}m^3。

在前期勘探工作基础上，为进一步落实盒 8 段、山 1 段有利含气范围，同时兼顾评价下古生界含气富集区，天然气评价紧跟勘探步伐，2013 年以"气化陇东"为目的，重点围绕庆探 1 井、莲 54 井等井区开展天然气开发评价与试采工作，先后经历了"区块筛选、集中评价、扩大评价及方案编制"三个阶段。

2010—2013 年（区块筛选）：陇东地区实施开发评价井 27 口，22 口井钻遇山 1 段气层，平均厚度 4.8m，14 口井钻遇盒 8 段气层，平均厚度 5.8m，对陇东上古生界储层地质特征有了更深入的认识，落实了庆探 1 井区山 1 段含气富集区，并初步认识到城探 3 井区具有一定开发潜力。

2014—2017 年（集中评价）：集中围绕庆探 1 井区持续开展天然气开发评价，取得较好效果。通过建立开发先导试验区，开展致密砂岩气藏水平井开发适应性试验，完钻 7 口水平井，试气均获高产，其中庆 1-13-65H1 井试气获无阻流量 89.5×10^{4}m^3/d。根据砂体展布、储层特征、成藏规律等研究成果，编制了《陇东地区庆探 1 区试采方案》。加强现场地面建设，于 2017 年 7 月实现向陇东地区供气。

庆阳气田自下而上发育中—新元古界、古生界、中生界、新生界沉积地层。盆地西南部晚古生代存在剥蚀古陆，上古生界本溪组、太原组、山西组、石盒子组依次向南超覆沉积，缺失本溪组和部分太原组，局部盒 8 段沉积厚度薄。石盒子组平均地层厚度 230m，盒 8 段地层厚度为 45～60m；山西组山 1 段地层厚度 40～50m。庆阳气田主要发育中生界含油层系和古生界含气层系，其中上古生界二叠系石盒子组、山西组是天然气勘探开发的主要目的层。

庆阳气田属于岩性复合圈闭，无边底水、弹性驱动定容气藏。储渗空间类型以岩屑溶孔、杂基溶孔、晶间孔为主。储层物性致密，以低渗透为主，层间主力气层为山 1 段、盒 8 段，气藏埋深为 4000～5100m。储层以石英砂岩、岩屑石英砂岩为主，石英含量占碎屑总量 85% 以上。岩屑成分以火成岩、变质岩为主，火成岩屑主要为喷发岩、隐晶岩。填隙物以水云母为主，硅质、高岭石次之。孔隙类型以粒间溶孔、岩屑溶孔、晶间孔为主。岩心分析表明，储层孔隙度一般为 4%～8%，平均孔隙度为 5.33%；渗透率一般为 0.1～0.5mD，平均渗透率为 0.47mD，为典型的致密储层。主要目的层二叠系石盒子组、山西组，测试 8 口气井原始地层压力为 23.29～40.49MPa，地层压力系数为 0.62～0.98；平均地层温度为 120.27℃。

庆阳气田为干气气藏，不含 H_2S，CH_4 平均含量为 94.7%，CO_2 平均含量为 1.01%。其中城探 3 井区盒 8 段气藏天然气相对密度为 0.57～0.58，平均为 0.58；甲烷含量为 92.28%～96.49%，平均为 94.08%。庆探 1 井区山 1 段气藏天然气相对密度为 0.54～0.73，平均为 0.64；甲烷含量为 91.50%～95.17%，平均为 92.70%。根据陇东地区试采水质分析统计，产出水 Cl^- 含量为 80～173304mg/L，平均为 39774mg/L；矿化度为 9～346g/L，平均为 69g/L。

第二节 完井工艺

长庆气田具有低渗透、低压、低产、低丰度等特点，下古生界气藏地质构造复杂，上古生界气藏岩性变化大，储层非均质性都很强，含气层段多，物性差，几乎无自然产能，每口井均须通过压裂酸化改造后才能投产，开发难度大。随着气田不断开发，钻遇储层物性越来越差，单层开采已达不到工业气流，为使薄而多气层段的井得到有效开发，开展了多层分压合层开采技术研究。储隔层分析认为储层具备分层压裂的遮挡条件；压力系统分析、压裂后测试发现，储层具备合采的条件。目前，长庆气田主体采用多层合采生产方式，由此也决定了长庆气田气井的完井工艺。

一、完井方式

目前水平井完井方法有多种类型，见表 1-2-1。完井方法的选择是一项复杂的系统工程，需要综合考虑的因素包括生产过程中井眼是否稳定、生产过程中地层是否出砂、地质和气藏工程特性、完井产能大小、钻井完井的成本、经济效益、储层改造要求等。前期水平井主体采用套管不固井完井与裸眼封隔器完井两种方式，随着工程技术进步，近年来主要采用套管固井完井工艺[3]。

表 1-2-1　水平井完井方式选择对比分析

分类	完井方式	优缺点	适用对象	分析结论
选择性完井	套管固井射孔完井	施工复杂，成本高	油气水关系复杂的气藏	不适用
	管外封隔器完井	成本高	油气水关系复杂的气藏	适用
非选择性完井	裸眼完井	成本低，施工简单，井壁易坍塌	碳酸盐岩等坚硬地层	不适用
	砾石充填完井	防塌、防砂工艺复杂，费用高	需要防砂气井	不适用
	防砂筛管完井	支撑井壁，防砂费用高	需要防砂气井	不适用
	常规筛管完井/套管不固井	支撑井壁，不防砂	地层坚硬，不需要防砂	适用

常用的直井完井方式有六种，每种完井方式适用不同的地质条件和储层改造工艺，见表 1-2-2。长庆气田生产过程中地层不出砂完井不需要采用防砂措施，属于低渗透气田，气井投产前每口井均需压裂改造；气藏多层系特征明显，需要进行分层压裂，综合各因素，长庆气田直定向井完井方式采用套管固井射孔完井。

表 1-2-2　直井常用完井方法

完井方式	适用的地质条件
套管固井射孔完井	（1）有气顶，或有底水，或有含水夹层等复杂地质条件，要求实施分隔层段的储层。 （2）各分层之间存在压力、岩性等差异，要求实施分层测试、分层采油、分层注水、分层处理的储层。 （3）要求实施大规模水力压裂作业的低渗透储层。 （4）砂岩储层、碳酸盐岩裂缝性储层
裸眼完井	（1）岩性坚硬致密，井壁稳定不坍塌的碳酸盐岩储层。 （2）无气顶、无底水、无含水夹层及易坍塌夹层的储层。 （3）单一厚储层，或压力、岩性基本一致的多层储层。 （4）不准备实施分隔层段，选择性处理的储层
割缝衬管完井	（1）无气顶、无底水、无含水夹层及易坍塌夹层的储层。 （2）单一厚储层，或压力、岩性基本一致的多层储层。 （3）不准备实施分隔层段，选择性处理的储层。 （4）岩性较为疏松的中、粗砂粒储层
裸眼砾石充填	（1）无气顶、无底水、无含水夹层及易坍塌夹层的储层。 （2）单一厚储层，或压力、岩性基本一致的多层储层。 （3）不准备实施分隔层段，选择性处理的储层。 （4）岩性较为疏松的中、粗、细砂粒储层
套管砾石充填	（1）有气顶，或有底水，或有含水夹层等复杂地质条件，要求实施分隔层段的储层。 （2）各分层之间存在压力、岩性等差异，要求实施选择性处理的储层。 （3）岩性疏松出砂严重的中、粗、细砂粒储层
套管滑套完井	（1）要求实施分层测试、分层采油、分层注水、分层处理的储层。 （2）要求实施大规模水力压裂作业的低渗透储层

二、完井管柱

由于储层致密，压裂改造工艺是气田增产的关键。长庆油田的完井管柱主要综合了储层改造工艺和后期采气生产的综合需求。结合工艺进展，气田前期主体采用机械封隔器分层改造，管柱不易起出。考虑到作业安全，降低成本，气井主体采用压裂生产一体化油管。前期直井分层改造井主体采用 UP TBG ϕ73.02mm 或 UP TBG ϕ88.9mm 机械封隔连续分压完井管柱。分压管柱组成：油管 + 安全接头 + 油管 + 水力锚 + K344 封隔器 + 油管 + 若干压裂单元 + 节流嘴 + 扶正器，每个压裂单元由"油管 + 节流喷砂器 + 水力锚 + K344 封隔器 + 滑套座"组成，如图 1-2-1 所示。

水平井前期主要采用水力喷射分段改造工艺，直井段采用 UP TBG ϕ88.9mm 油管，水平段采用 UP TBG ϕ73.02mm 特殊接箍油管，如图 1-2-2 所示。前期部分经探索采用裸眼封隔器分段改造，采用 UP TBG ϕ88.9mm 油管，如图 1-2-3 所示。

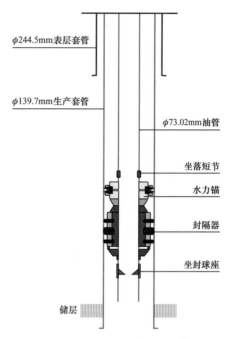

图 1-2-1 机械封隔完井生产管柱

图 1-2-2 水力喷射分段压裂井完井管柱

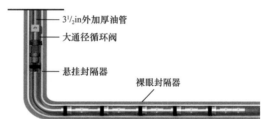

图 1-2-3 裸眼封隔器分段压裂井完井管柱

近年来随着改造工艺发展，为了提升改造效果及井筒的完整性，储层改造方式由原来的油管注入改造转向套管或油套环空注入改造，如连续油管带底封、桥塞分段改造工艺[4]。这些工艺改造后的压裂管柱可以取出井筒，压裂后井筒均为光套管，因此采用这些工艺改造的井可以根据后期的采气生产需求重新下入完井管柱。结合长庆油田的具体生产特点，近年来采用连续油管带底封、桥塞分段压裂的直井、定向井及固井桥塞分段改造的水平井，完井管柱尺寸主体优化为压裂后下 ϕ60.3mm 油管，如图 1-2-4 和图 1-2-5 所示。同时，随着采气工艺的不断进步，近年来，从延长气井的自然连续生产期、降低全生命周期采气综合成本出发，长庆油田研发了 ϕ50.8mm 连续采气管完井技术，目前正在推广应用过程中（参见第八章）。

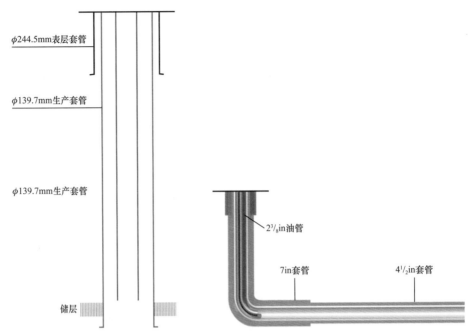

图 1-2-4　直井、定向井完井生产管柱　　图 1-2-5　水力固井桥塞分段改造后的完井管柱

第三节　地面集输

长庆油田不同气田的地面集输工艺技术各不相同，都具有各自的特点。靖边气田集输工艺的突出特点是高压集气，榆林气田是低温工艺，苏里格气田则是"井下节流、井间串接和多级增压"的中低集气工艺，而壳牌长北合作区则突出了其安全保护技术和 HSE 理念，道达尔苏里格南合作区则体现了其大井丛布置理念。随着气田的持续开发，目前出现了上下古生界合采的新开发模式，地面集输系统需要上下古生界兼顾、统筹考虑，突出特点是上下古生界两套流程的合采技术。

一、靖边气田

1993 年，在四川石油管理局的协助下，长庆油田开辟陕 81 井组作为向榆林供气的试验井组，开展高压集气、集中注醇、多井加热、轮换计量、固体干法脱硫、膜法脱水、自动化控制、管道防腐等多项工艺试验。在试验的基础上，进一步优化完善，形成继四川气田"单井中压集气"之后中国第二套气田集气工艺，即"多井高压集气"流程，为靖边气田的有效、规模化开发提供了配套的地面工艺技术。

在靖边气田开发过程中，通过不断改进和完善，从"集气半径、净化工艺、集输管网、管材选择"等方面优化，形成以"高压集气、集中注醇、多井加热、间歇计量、小站脱水、集中净化"为技术核心，以"三多"（多井集气、多井注醇、多井加热）、"三简"（简化井口、简化布站、简化计量）、"两小"（小型橇装脱水、小型发电）、"四集中"（集中净化、集中甲醇回收、集中监控、集中污水处理）为特点的长庆靖边上古生界气田地面建设模式，简称靖边模式。

为满足下游用户日益增长的天然气用气需求，靖边气田连续放压生产，气藏资源和地层能量下降较快。气田部分气井已不能满足高压集气需求，气田维持稳产难度增大。为了解决部分低压气井生产过程中所面临的问题并延长稳产期，通过对已建地面集输系统进行适应性分析和方案论证，形成了靖边气田中后期增压、扩边的地面集输工艺，即采用"区域增压为主、部分集气站单站增压为辅"的整体增压方式，地面集输工艺逐步调整为"低压集气、区域增压"的技术路线。

二、榆林气田

榆林气田南区于 2001 年开始试采，经过五年时间的滚动开发，截至 2005 年底，榆林气田南区建成 $20 \times 10^8 m^3/a$ 的天然气生产能力。

榆林气田的自身特点决定不能简单地照搬靖边模式，必须在靖边模式的基础上探索和突破。榆林气田主力开发层位是上古生界奥陶系的山西组，井深为 2650～3050m。微含硫，CO_2 含量在 1.7% 左右，含有少量凝析油，平均单井日产量 $5 \times 10^4 m^3$。根据榆林气田天然气中 H_2S 和 CO_2 含量低、微含凝析油的特点，采用适当控制节流温度的低温分离工艺，实现对烃和水露点的同时控制，形成以"节流制冷、低温分离、高效聚结、精细控制"为主体的集气工艺技术，为开发低产、低渗透、低含凝析油的气田提供了新的模式，工艺水平达到了国内领先，成为长庆气区上古生界气藏成功开发的典范。

榆林气田开发中期，由于地层压力的降低，已没有可以利用的富余压力，地面集输工艺调整为"浅冷（常温）分离、湿气无液相集输、集中脱水脱油"的集气模式，该工艺还在子洲—米脂气田得到了推广应用；在后期，当气井压力无法满足正常集气要求时，则需要采用靖边气田的区域增压模式。

三、苏里格气田

苏里格气田含气面积大，但由于储层致密，非均质性强，有效储层识别难度大，属于典型的"低渗透、低压、低丰度"的砂岩岩性气藏，既不同于国外的低渗透气田，如美国的圣胡安盆地气田，也不同于国内的低渗透气田。对于苏里格气田的开发建设，国内外都没有可供参考的模式。长庆人不断探索，先后经历了四个试验阶段，形成了独具特色的苏里格气田集气工艺模式。

2005 年，长庆油田决定在苏 14 区块重大开发试验区开展"井下节流、井口不加热、不注醇、采气管线不保温、井间串接、井口湿气计量、井口紧急截断阀超压保护、集气站常温分离及增压"等地面集气工艺相关试验，进一步验证该工艺的可靠性，为合作开发的全面开展奠定基础。苏里格气田地面建设主体工艺的形成，是地下地面有机结合、互相适应的过程，是探索试验、重点突破、完善配套、不断优化的过程。经过不断努力，逐步形成独具特色的低渗透气田开发的新模式——苏里格模式，继四川气田中压集气、靖边气田高压集气之后，创建了中国天然气开发的第三种集气流程，即中低压集气流程。

自规模开发建设以来，苏里格气田创建了"六统一""三共享""一集中""5+1"独具特色的合作开发模式，探索出了以"井下节流，井口紧急截断阀保护，井口不加热、不注醇，管线不保温、中压集气、带液计量，井间串接，常温分离，二级增压、集中处理"为主要内容的地面工艺模式，开发了以具有完全自主知识产权的"数据自动采集、方案自动生成、运行自动控制、异常自动报警、单井电子巡井、资料安全共享"为主要内容的气田数字化生产管理系统，形成了苏里格气田"科技、绿色、和谐"的现代化大气田建设模式，既加快了气田开发建设的进程，又提高了气田的开发效益和生产管理水平。

四、壳牌长北合作区

长北合作区位于榆林气田北部，2006年正式开发建设，首次采用了水平井、分支井和丛式井相组合的开发部署模式。总规模为$30 \times 10^8 \text{m}^3/\text{a}$，共布置23座井丛53口井。采用初期放压、后期稳产的生产方式，单井初期产量可达$120 \times 10^4 \text{m}^3/\text{d}$以上。地面集输工艺特点是采用了一级布站的集输模式，区内不设集气站，气井天然气通过集气管道直接输送至中央处理厂。各井丛内单井产出的天然气分别在井口经孔板湿气计量后，再节流降压汇合，由集气支线气液混输就近接入集气干线，集气干线汇集的天然气输送至位于气田中南部的中央处理厂。井口设置开工加热，实现初期放压生产、中压集气，为了控制清管段塞流的大小，采用分段清管、清管球集中回收技术，并首次在国内气田地面系统中应用了仪表保护系统。集输工艺可概括为"井丛集气、开工加热、中压集输、气液混输、井口计量、仪表保护、智能清管、低温分离、集中增压"。

五、道达尔苏南合作区

苏南合作区位于苏里格气田南区，规划总生产规模为$30 \times 10^8 \text{m}^3/\text{a}$，2011年开发建设，2012年5月实现首气投产。气田分为4个区块，建9井式井丛（简称BB9）156座，其中77座井丛后期加密至18口井，共计建井2097口，计划建集气站4座，集气站生产期保持稳产。采用井丛串接集气，井丛连接毗邻的井丛，4座BB9井丛组成BB9′，3座或2座BB9井丛组成BB9″，BB9′和BB9″建采气干线进入集气站；采用井下节流、井口注醇和井口连续计量，在BB9′/BB9″设置集中注醇设施，包括注醇计量橇，每1座BB9井丛对应设置1台计量泵，单井原料气在井场通过孔板流量计连续计量，与该井丛另外8口气井的天然气汇集后输至BB9′/BB9″；采用2级2次增压（集气站第1级，中央处理厂第2级）的中低压集气，开发初期1级增压，原料气在集气站经过气液分离后不增压，湿气直接经集气干线输送至中央处理厂，当井口压力降至2.5MPa时，采用2级增压，原料气在集气站增压后，湿气输送至中央处理厂；采用气液分输工艺，集气站分离出来的气田水，通过与集气干线同沟敷设的管道单独输送至中央处理厂集中处理。集输工艺可概括为"井丛集气、井下节流、井口注醇、连续计量、2级增压、气液分输、集中处理"的中低压集输工艺。

六、上下古生界叠合区域

目前，长庆气田开始开发上生界、下古生界气藏重叠区域，即在同一区域内同时开发上古生界和下古生界天然气，二者由于组分、压力和开发方式等不同，地面系统不可能单独采用以上任何一种集输工艺，经过技术研究和方案对比，并经现场应用试验，针对不同的区域采用下述三种合采工艺。

在苏里格气田内部小部分区域存在上下古生界兼顾气井，天然气中 H_2S 含量最大为 $199.28mg/m^3$，对于距靖边气田地面下古生界管网较远的气井，采用集气站小站脱硫工艺，脱硫后的下古生界天然气与上古生界天然气混合，并集中输送至天然气处理厂脱油脱水；距靖边气田地面下古生界管网较近的气井，则采用集气站小站脱水工艺，脱水后的下古生界天然气进入靖边气田管网，集中输送至天然气净化厂脱硫。

靖边气田的扩边开发造成与周边气田交替区域日益增多。对于气田内的上古生界天然气，如果距离已建上古生界集输系统较近，则就近接入上古生界集输系统；而不能进入上古生界系统的天然气，则采用小站脱水（三甘醇脱水）后，进入下古生界天然气集输系统去净化厂脱硫。

高桥区块位于靖边气田南侧和西侧，是上古生界、下古生界气藏复合连片区域，二者规模都较大且同时开发，地面集输系统没有形成，如果采用小站脱水后混输，则对集中脱硫脱碳的净化厂规模要求过大，且上古生界天然气的轻烃也将影响脱硫运行效果；如采用小站脱硫后混输集中脱油脱水，则小站脱硫后尾气处理不易达标；如采用小站常温分离混输，则存在集输系统全为抗硫设备和脱硫规模过大的缺点。因此不宜采用混输工艺，宜采用分输工艺，即采用两套流程和两套管网，同一集气站内设置有上古生界流程和下古生界流程，采气管网与集气管网也包括上古生界管网和下古生界管网，净化厂和处理厂集中建设，在集中的净化处理厂内先对下古生界天然气脱硫，上下古生界天然气混合后低温脱油脱水。由于上下古生界天然气生产的压力不同，上古生界天然气在集气站需采用大压比增压，使上下古生界集输系统压力一致，集气站外输压力最高为 5.8MPa。在气田开发后期，为了延长稳产期，则需要采用靖边气田的区域增压模式。

第四节　国内外排水采气发展历程

排水采气是解决气井井筒及井底附近地层积液过多或产水，并使气井恢复正常生产的工艺措施，其目的是延缓、避免气井水淹，改善气藏生产状况，提高气藏开发效益与采收率，在气田开发过程中有着举足轻重的作用。气田开发的中后期，地层压力和气井产量逐渐下降，当产量下降到临界流量以下后，气井无法将产出的地层水全部带出到地面，部分液体回落至井底形成积液，导致生产压差降低、产量下降，携液能力进一步减弱，如此反复循环最终导致气井水淹停产，这就是出水导致气井天然气产量降低和不稳定的原因。因此，要想保证出水气井稳产，在气井自身能量不足的情况下，必须采取必要的技术辅助气井将产出的地层水及时排出，避免积液导致产量下降，这种技术就是排水采气。根据国内外已开发气田的统计，出水气田中 40%～50% 的天然气储量需要依靠排水采气工艺采出；而对于致密气田，排水采气的作用更加重要，高达 70% 的储量需要依靠排水采气工艺采出，且 80% 的开发时间处在排水采气期内。国内排水采气无论是在施工井数还是在增产天然气量上都占主导地位，是解决气田出水问题的主体工艺[5]。

一、国外气田排水采气

国外开展排水采气技术的研究和测试比较早，以苏联和美国为首要代表。20 世纪 40 年代，美国、苏联和其他国家开始钻研柱塞气举理论，将其应用在油井勘探过程中并取得了良好的效果。80 年代，它们将其应用到产水气井的生产过程中，取得了显著成效。据记载，美国在石油生产井上应用间歇柱塞气举技术，天然气的日产量增加了。

针对气井携液问题，在 20 世纪 50 年代，苏联著名学者布里思克曼提出了临界气体连续携液的临界流速定义。1953 年在美国休果顿气田的 70 口气井上安装了 ϕ25mm 及 ϕ35.2mm 虹吸管（小油管）装置。70 年代后期，Tuner 等对气井连续排液问题做了更深入的研究，研究出利用气井井口压力求解连续排液的最小流速诺模图版，从而为优选管柱排水采气技术奠定了坚实的理论基础。

泡沫排水采气技术在国外应用极为普遍。苏联在克拉斯诺达尔应用泡沫排水采气技术，成功率更高。在美国堪萨斯州和俄克拉荷马州的泡沫排水采气测试过程中超过 90% 的井取得了成功。

气举排水采气是解决气井积液甚至是淹死的有效方法。液体一般存在于连通的油套环空中，一旦天然气以较高的流速沿油管向上开始运移，高速运移的天然气气流就会进入油管中的液体，将其携带到地面。在气井生产过程中，压缩机源源不断地将产自油管的天然气沿油套环空注入井筒，注入的天然气随后沿油管向上被采出井筒，最后再经过分离器分离处理后由压缩机压入井筒。

近年来，国外排水采气取得的最新进展体现在以下几个方面。

1. 成熟工艺配套技术完善

1）气举排水采气

气举优化设计软件和气举井下工具等方面发展迅速，气举配套工具已基本形成系列，产品主要有气举阀、偏心工作筒、封隔器、间歇气举装置、洗井装置等。

2）电潜泵排水采气

近年来成功研制高效多级电潜泵、大功率电动机等新设备；同时，在电压保护、电缆、气体处理器等方面也进展巨大，使电潜泵的泵效和使用寿命大大提高。在实验研究方面，美国塔尔萨大学搭建了仿真的电潜泵可视化实验平台，构建了出砂、乳化液、气体对电潜泵性能影响的数学模型，并开发了性能优化软件。

3）柱塞排水采气

针对不同井况形成了不同材质系列化的柱塞产品，开发了分体式柱塞、刷式柱塞等新品种。分体式柱塞可有效减少气井关井时间，增加气井产量；刷式柱塞可用于出砂气井。在控制系统方面，BP 等公司开发了柱塞气举智能化控制系统，可根据井筒的生产状态自动调整柱塞到达时间、后续流动时间等参数，无须人工干预，从而实现产气量的最大化与效益的最优化。另外，通过对配套工具、工艺的改进，在大斜度井、水平井上开展了应用，最大井斜角可达67°。

4）机抽排水采气

发展了多种变形产品，如胶带传动游梁式、旋转"驴头"式等抽油机；开发了可调速驱动电动机等配套设备与部件。在抽油杆方面，研制了铝合金、不锈钢等多种高强度、耐腐蚀、耐磨损和连续性结构的抽油杆。

2. 连续油管广泛应用

连续油管出现以后被广泛应用于各个工程领域，排水采气方面也不例外。国外近些年广泛拓展了连续油管在排水采气工艺中的应用。

1）用作速度管柱进行生产

用连续油管代替小油管作为生产管柱，大幅度增加了天然气在油管中的流动速度，从而增加气井的携液能力，延长气井的自喷生产期。

2）用于气举排水采气

用连续油管作为气举通道，灵活方便，可以最大限度地提高排液量，同时可以有效避免油套环空下有封隔器的影响，广泛应用于水淹井复产、连续/间歇气举，清除井筒积液，恢复气井正常生产能力。

3）用于泡沫排水采气

将直径为$\phi9.525mm \times 1.24mm$或$\phi6.35mm \times 0.89mm$的连续油管从生产油管内下入井底，然后从地面将配制好的泡排剂溶液通过泵送或虹吸的方法直接注入井底积液的内部。这种泡排方式可最大限度地发挥泡排剂的作用，施工简单，对储层无伤害，效果好，目前最大工作深度已达7315m。

3. 气藏整体治水技术进一步完善

气田整体治水是将气层、水层、气井作为一个整体，系统开展地质精细描述、气藏工程分析、数值模拟、开采工艺技术等研究，通过跨学科、多技术的有机衔接与协调合作，以确保气田开发过程中边、底水的均匀推进，从而最大限度地延长气藏无水开采期、提高气田采收率的综合治水技术。近年来，在清楚认识气藏地质特征的基础上，国外整体治水技术进一步发展深化，形成了三套整体治水方法，即强排水采气法、气水联合开采法和阻水开采法。

1）强排水采气法

在气水边界处大排量排水采气，使排水量与水侵量平衡，保护内部气井。目前在国外广泛用于大排量强排水的工艺为电潜泵和气举。

2）气水联合开采法

气水联合开采适用于气藏尚未完全水淹或已经完全水淹的气藏，主要目的是提高气田的采收率，确保气田开发效益。

3）阻水开采法

该工艺适用于整个气田开发阶段，其机理是在边水气藏的气水边界处或底水气藏的底部含水层直接布置排水井；或在局部水驱气藏的水侵高渗透通道上注入堵水剂，建立阻水屏障；其目的是阻止、减缓边水或底水上升的侵入速度，变水驱为弹性气驱，延长气田的无水采气期。

4. 研发多项排水采气新技术

1）封隔器以下气举排水采气技术

封隔器以下气举排水采气技术的产生背景主要是有封隔器的长射孔段的直井（厚储层）或者水平井，在气井积液的时候常规气举或其他排水采气工艺只能排出封隔器以上的井筒积液，封隔器以下井段长期处在积液的浸泡之中，严重伤害近井筒地带的渗透性，低渗透砂岩气田尤甚。针对这种情况，在封隔器附近将环空注入的高压气转到小油管，将高压气引入封隔器以下的射孔段，使气举从射孔段底部开始，有效清除射孔段积液。该技术具有以下特点：有效消除井底积液，减轻或消除长期积液对近井筒储层的伤害，恢复气井生产能力；可用于水平井，将封隔器以下的油管延伸到水平井的最低点，使得气举气能清扫出整个水平段的积液；可将缓蚀剂等释放到封隔器以下及整个管柱所有部位。该技术近年又发展了多种结构与配套工具，在东得克萨斯的直井、水平井上开展了数十套的现场应用，平均单井日增产天然气 5000m³ 以上，效果良好。

2）涡流工具排水采气技术

涡流工具排水采气技术是在井筒中下入井下涡流工具，当气液两相流进入涡流工具时，由于井下涡流工具内实体的作用，使流体流动的截面积减小，从而使流体加速，并沿着螺旋面旋转，加速度使得密度较大的液态流体甩向管壁，流体沿着井下涡流工具的螺旋形空腔向上做螺旋运动，合适的螺旋角可以传播和维持非常长的距离，这种螺旋向上的流型具有更高的流动效率，从而可大幅提高气井的携液能力。涡流工具能提高气井的携液能力的主要原因：将井筒中杂乱无章无规则的气液两相紊流转变为规则的螺旋流型两相层流流动，大幅减少了流体内部的能量损失，可降低最小临界携液流量15%～30%；可减少油管沿程压力损失，经实验研究，加装涡流工具后管柱沿程压力损失可降低17%～25%。涡流排水采气技术在美国、加拿大、澳大利亚等国的上千口气井上成功应用，BP、Marathon、Cabot 等油气公司都参与了试验与推广，应用的气井类型从煤层气井到致密气井、高含水井到低含水井、直井到斜井等，平均增产天然气1.65%～48%，取得了良好的效果。

3）井下气液分离回注采气技术

井下气液分离回注采气技术是一种特殊的排水采气技术，其原理是在高含水井的井下采用气水分离装置将地层产出的气、水进行分离，分离后的天然气继续产出到地面，而分离后的水在井下直接回注到含水层或废弃储层。该技术的核心是井下气液分离系统和井下回注系统。井下气液分离系统种类繁多，按照其作用原理可分为重力分离式气液分离器、旋流式气液分离器和螺旋式气液分离器，目前主要采用旋流式分离器或螺旋式分离器。而井下回注系统则需要根据具体情况进行具体分析，如按回注动力可分为重力注入和强行注入；按产层与回注层位置又分为产层下部注入系统与产层上部注入系统；按增压泵形式分为杆式泵、改进柱塞杆式泵、电潜泵、螺杆泵等。

井下气液分离采气技术直接在井下将气水分离并将水回注，技术优势明显：工艺较简单，安装方便，操作简单，维修较容易；使用方便、灵活，可以单台使用，也可并联/串联使用；分离过程全封闭，减少了环境污染。该技术在实施过程中对井况、储层等的要求也较高，针对具体气田需要结合自身的实际情况进行综合评价后再决定是否适用。

4）国外其他排水采气新技术

国外近几年同时也探索了一些其他的排水采气方式，有的处于理论研发阶段，有的开展了小规模的现场试验。

（1）聚合物控水采气技术。不同于常规排水采气采用"疏水"的方法协助天然气流将产出地层水共同携带到地面，它主要是通过向井筒周围的地层中注入聚合物，以减小井筒周围地层中的水相渗透率，采用"阻水"的方法控制地层水流入井筒。目前国外主要采用HPAM 共聚物和 PAM 聚合物、三元聚合物开展聚合物控水采气。近年来又提出了功能纳米流体控水体系，并开展了研究与试验，矿场使用后半年内产气量增加了 2 倍，累计增产天然气 $280 \times 10^4 m^3$，应用前景广阔。

（2）超声雾化排水采气。在井底利用超声波雾化装置将产出的地层液击碎成雾状，通过增加声波频率大幅度减小液滴的直径，从而减少滑脱损失，提高气井的携液能力。其设备主要由雾化装置、分离装置、密封装置和卡定装置等组成。

（3）微波加热排水采气技术。在井中通过微波加热积液使其汽化，使井内流体密度变小后随天然气采出。微波可在井下或者在地面产生，如果微波在地面产生，需要波导管传递到井下，波导管类似于光纤，微波在波导管内全反射传送。

（4）自往复水力泵排水采气。将自往复水力泵安装在井下同心管柱内，通过注入高压流体提供动力，动力活塞的往复运动带动抽油泵将地层液和动力液从同心管柱内举升到地面，降低积液对地层的回压，天然气从油套环空采出。

二、国内气田排水采气

国内开展排水采气试验和工艺技术研究相对国外来说较晚，国内排水采气发展从 20 世纪 70 年代开始，经过不断探索、实践、发展、完善，目前已形成了优选管柱、泡沫排水、气举等 8 项排水采气技术系列，有效解决了气井出水导致产量急剧递减的技术问题。目前国内不同排水采气工艺实施的井数占比和增产占比如图 1-4-1 所示。

1. 长庆气区

如图 1-4-2 所示，长庆气区投产井数占中国石油总井数的 80%，产量占中国石油的 30%，全国的 25%。

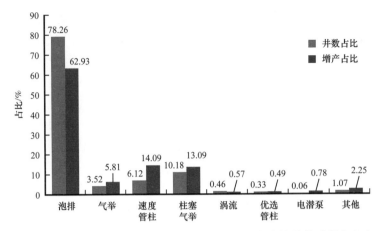

图 1-4-1　国内主力产气盆地不同排水采气工艺年实施井数及增产占比

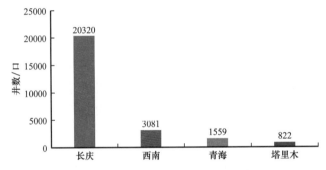

图 1-4-2　全国各大气田气井分布情况

长庆气田属于典型的低压、低渗透、低丰度"三低"气田，单井产量低、携液能力差，具有典型的低压、低产、小水量特征。随着气田的开发，地层能量降低，积液气井数量逐年增加，如图 1-4-3 所示。2020 年底，长庆气田低产井数量超过 10000 口井，气井管理及排水采气的工作量非常大[6]。

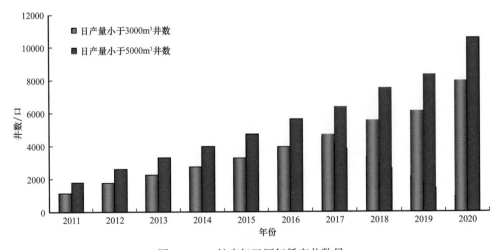

图 1-4-3　长庆气田历年低产井数量

井筒积液对气井生产的影响主要包括两个方面:一是井筒积液使井底回压增大,导致气井产量下降;二是由于水敏性黏土矿物膨胀,使井底近井地带产层气相渗透率受到伤害,影响最终采收率。

排水采气技术通过人为措施补充气井能量,达到排除井筒积液、提高气井产量的目的。长庆气区经过多年研究及试验,形成了以泡沫排水、速度管柱、柱塞气举为主,压缩机气举为辅的低成本排水采气技术系列。技术进展主要体现在以下几个方面。

(1)研发系列化泡排剂,大幅度降低技术应用成本。

围绕提高药剂适用性及低成本推广目标,针对气田不同区块水质特点,研发了CQF系列泡排剂,携液率指标较同类产品提高5%~10%(表1-4-1)。

表1-4-1 系列泡排药剂的研发历程

研究时间	攻关内容	试验应用情况
2016年	CQF-1泡排剂	应用1403口井,成本较同类产品降低22%
2017年	CQFS-1固体泡排棒	试验190口井,携液率较在用产品提高10%,成本降低20%
2018年	DFS-1固体消泡棒	应用1个站,成本较同类产品降低35%
	CQF-4抗油泡排剂	试验200口井,平均单井日增产气量500m³,措施有效率88.9%
2019年		扩大试验350口井,累计增产气量150×10⁴m³
	CQF-2抗盐泡排剂	现场试验52口井,正在进行跟踪评价

(2)研发MI柱塞气举技术,成为低产井排水采气利器。

针对不同生产工况气井应用需求,研制了适用于多井型、复杂井筒环境的系列化柱塞工具(表1-4-2);建立了柱塞气举远程监控平台,实现远程调参,促进了该技术在气田的快速规模推广。

表1-4-2 MI系列化柱塞

柱塞类型	柱塞结构图	技术特点	适用条件
柱状		结构简单、耐磨	产量较高
衬垫式		密封性好	产量较低
刷式		通过性好	管壁不光滑
非金属		重量轻、耐腐蚀	腐蚀、产量低
快落		连续生产	日产量大于7000m³
组合式		特殊井积液问题	组合生产管柱
自缓冲		无须井下限位器	大井斜(大于60°)
套管柱塞		胶筒密封、自捕捉	套管生产井

（3）研制速度管柱关键工具及国产连续油管，大幅降低技术应用成本。

针对引进速度管柱技术成本高的问题，研发了悬挂器、操作窗等关键装置和工具，联合研发了 CT70 级 ϕ31.8mm、ϕ38.1mm、ϕ50.8mm 系列化国产连续油管及配套装置，性能满足要求，成本大幅降低（图 1-4-4 和图 1-4-5）[7]。

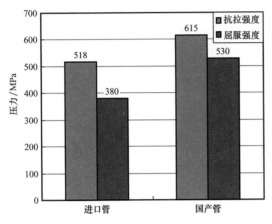

图 1-4-4　ϕ38.1mm 进口管与国产管力学性能对比图

图 1-4-5　速度管柱技术应用成本对比

通过长庆气区持续的攻关研究，工艺适用范围不断扩大，气井携液生产的产量下限不断降低，基本满足了各类气井的需求（表 1-4-3）。同时近年来结合工艺特点及技术进步，不断优化技术政策，逐渐减少泡沫排水占比，加大柱塞气举推广应用力度，在措施总工作量降低的情况下，增产气量逐年增加（图 1-4-6）。

表 1-4-3　长庆气田排水采气工艺技术适应性

工艺类型	应用效果	推荐选井条件		
		集输模式	产气量 /（$10^4\mathrm{m}^3$/d）	套压 / MPa
泡沫排水	$0.5\times10^4\mathrm{m}^3$/d 以上积液气井有效率高，产量越大，效果越明显	中、低压集输	0.5～1.0	>5
	$0.3\times10^4\mathrm{m}^3$/d 以下积液气井，需配合间开等其他措施	高压集输	0.8～1.5	>8
速度管柱	稳产能力强的 I 类气井增产效果明显，II 类、III 类气井增产效果略差	中、低压集输	0.3～0.8	5～15
	$0.2\times10^4\mathrm{m}^3$/d 以下气井无明显效果	高压集输	0.5～1.5	8～15
柱塞气举	$0.5\times10^4\mathrm{m}^3$/d 以上连续积液气井，平均增幅 36%	中、低压集输	0.1～0.5	3～15
	（0.3～0.5）$\times10^4\mathrm{m}^3$/d 低产积液气井，平均增幅 104%	高压集输	0.3～1.0	8～15
	$0.3\times10^4\mathrm{m}^3$/d 以下低产积液气井，平均增幅 137%			
气举复产	气井产能越高，复产后增产效果越明显	生产历史较好，无阻流量大于 $6.0\times10^4\mathrm{m}^3$/d 的高产井		

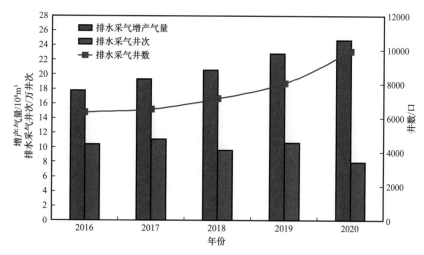

图 1-4-6　长庆气田历年排水采气工艺实施情况

2. 其他气区

1）川渝气区

川渝气区排水采气工艺，从 1979 年至今，配套完善，形成了六项单项排水采气工艺，即泡排、气举、机抽、优选管柱、电潜泵、喷射泵；六项组合排水采气工艺，即气举 + 泡排、气举 + 柱塞、机抽 + 喷射、气举 + 井口增压、泡排 + 井口增压、气举 + 气体加速泵。

排水采气工艺发展历程从"五五"开始起步，"六五"进行试验推广，"七五"应用提高，"八五"深化发展，"九五"发展软件系统，进行工艺优化设计和科学决策，形成组合接替工艺，"十五"形成工艺系列，发展技术—经济评价，使排水采气成为含水气藏中后期开发提高气藏采收率的主体工艺技术。

排水采气工艺发展的特点如下：

（1）由单项排水采气工艺发展到组合工艺。"五五"期间开始起步，试验泡排、机抽工艺；"六五""七五"试验与应用泡排、机抽、气举、电泵、优选管柱，以泡排、气举为主；"八五"试验射流泵排水采气，仍以泡排、气举为主；"九五"试验五项复合工艺排水采气。

（2）由常规优化设计发展到软件系统决策和经济评价综合技术。

（3）由单井排水工艺发展到有针对性地气藏排水稳气的综合治理技术，包括边水、底水气藏边部强排水，气藏中部有相对稳产期，以及井内分层卡堵等治理技术。

各项工艺具体应用情况如下：

（1）泡沫排水采气工艺。

泡沫排水采气工艺从 1980 年开展试验以来，由于操作简便、成本低、见效快，目前已大规模推广应用，研制的液态、棒状起泡剂能满足川渝气田井底温度不大于 120℃、日产水量不大于 100m³ 的不含硫或低含硫、产少量凝析油和产高矿化度地层水的产水气井排水采气需要，已成为一种成熟的排水采气工艺技术。截至 2002 年底，累计实施 1962 井次，累计排水 $312.02 \times 10^4 m^3$，占总排水量 14.35%；累计增产气量 $34.82 \times 10^8 m^3$，占总增气量的 36.05%，位居六项排水采气工艺第二位。

（2）气举与柱塞气举排水采气工艺。

气举排水采气工艺从 1982 年试验成功以来，由于适用范围广、增产效果显著，已成为川渝气区排水采气的主力工艺技术，形成了开式、闭式、半闭式、喷射式、气体加速泵、柱塞、气举＋泡排的气举排水技术系列，从气举阀的种类划分又有套压操作阀和油压操作阀两种系列。可满足不同类型、不同水量产水气井的排水采气需要，研制的气举阀、气举优化设计软件使气举排水工艺日趋成熟。柱塞气举，借助气井自喷或邻井气源排水采气，简便实用。截至 2002 年底，累计实施 1299 井次，累计排水 $1619.57 \times 10^4 m^3$，占总排水量的 74.49%；累计增产气量 $49.53 \times 10^8 m^3$，占总增产气量的 51.91%，是排水采气最有效的工艺。

（3）优选管柱排水采气工艺。

优选管柱排水采气工艺从 1982 年开展试验并获得成功以来，用于川渝气区日产水量不大于 $100 m^3$ 的间喷、弱喷气井，效果良好，截至 2002 年底，累计实施 163 井次，累计排水 $36.29 \times 10^4 m^3$，累计增产气量 $6.07 \times 10^8 m^3$，建立的用于优选气井井筒连续排液合理管柱直径、排量的多相垂直管流数学模型、软件和诺模图，使排水管柱结构科学合理。2003 年 8 月在张 13 井进行了连续油管作为生产管串的排水采气工艺试验，是国内首次进行的连续油管排水采气工艺试验。

（4）机抽排水采气工艺。

机抽排水是川渝气区开展最早的排水采气工艺。目前最大泵挂深度可达 2500m，排液量可达 $80 m^3/d$，研制了优化设计软件、长冲程整体式防腐泵、倒置式防砂泵、高效井下气水分离器，采用了玻璃钢抽油杆、节能抽油机，提高了整体水平。

（5）电潜泵排水采气工艺。

电潜泵排水采气工艺由于排量大，特别适用于大水量的低压产水井强排水需要。在中坝气田须二段气藏整体排水治理、中 19 井水淹复活中见到了明显效果。同时针对川渝气区井下情况研制或采用了电潜泵专用井口、变频电潜泵机组、隔级式或铅封高温电缆、AHG 型高效井下气体处理器和优化设计软件等，基本能适应泵挂深度不大于 3100m、日产水量不大于 $1200 m^3$、井温不大于 120℃ 的产水气井排水采气的需要，是单井大排水量首选工艺技术。

（6）射流泵排水采气工艺。

射流泵排水采气自 1992 年开展试验以来，虽然取得成功，见到排水采气增产效果，但由于水力射流泵对地面泵要求高，且井下泵需要进一步完善，因此使用效果不够理想。截至 2002 年底，累计实施 24 井次，累计排水 $140.08 \times 10^4 m^3$，累计增产气量 $2.12 \times 10^8 m^3$。

（7）组合式排水采气工艺。

采用组合工艺，提高了排水采气效果。在充分发挥单项排水采气工艺技术优势的基础上，开展了气举—泡排组合、气举—气体加速泵组合、气举—柱塞气举组合、机抽—喷射泵组合等排水采气工艺技术，扩大了常规单项排水采气工艺技术的应用范围。

这里特别介绍近期试验成功的气体加速泵与气举组合工艺的情况。在气举管柱中，在该泵上端安装 2～3 级气举阀，作气举卸载阀使用，而工作件为气体加速泵。

2）青海南翼山、南八仙气田

南翼山气田为深层凝析气田，是青海油田的第一大气田，1994 年投入开发，气井第一年就见水，井底积液致使产量下降后较快水淹停产。该气田属非常规裂缝性气田，构造长 9.6km，闭合面积 14.6km²，气层渗透率小于 1mD，孔隙度 3.92%。气层下部 200m 深处有巨大高压水层，与气层间的纵向断层、裂缝、节理组成连通网络，形成独特底水。气层深度 3000m，原始地层压力 28～35MPa，日产液量 150～280m³。

南八仙气田也是凝析气田，气藏面积 19.4km²，凝析油地质储量 775.3×10⁴t，可采储量 223.9×10⁴t；天然气地质储量 124.351×10⁸m³，可采储量 69.2×10⁸m³，属复杂断块类型气藏。

具体的排水采气工艺应用情况如下：

（1）南翼山气田采用压缩机供气进行气举排水采气。

1996 年，该气田进行泡排和电潜泵排水、气举排水采气先导试验，最后确定采用气举排水采气工艺。1977 年购买 4 台 ZTY265H¹/₂in×4in 型天然气压缩机，作为供气源，单机排出压力 15MPa，日注气量 6.8×10⁴m³，因处于高山地区，发动机供气量比平原降低，平均每台日供气量（3～4）×10⁴m³，基本满足日供气量 16×10⁴m³ 的要求。

例如，南 5-8 井注气压力 13.0MPa，日注气量 1.85×10⁴m³，油压 4.5MPa，日排水量 180m³，井口温度 97℃，井下安装 5 个气举阀工作正常。

效果分析：该气田见水井 18 口，其中气举排水 6～8 口，效果较好，下面以列举 3 口为例。

南 2-4 井：从 1997 年 7 月开始，气举生产 1350 天，累计增产气量 2200×10⁴m³，增产凝析油量 1300t，平均日产油量 5.4t，日产气量 1.5×10⁴m³。

南 2-5 井：从 2000 年 5 月开始气举，生产 700 天，累计增产气量 2380×10⁴m³，增产凝析油量 1800t，平均日产气量 3.40×10⁴m³，日产油量 1.65t。

南 11 斜井：1998 年开始气举，累计增产气量 1700×10⁴m³，累计增油 7800t，平均日产气 1.35×10⁴m³，日产油量 6.5t。

（2）南八仙气田采用邻井高压气为气源进行气举排水采气。

经过对南八仙气田气井压力下降和出水井底积液状况分析后，认为仙 5 井、仙 9 井、仙 11 井是排水采气对象，仙 5 井产量较低，井下积液带不出来；仙 9 井因井底积液无法正常生产，是气举排水首先应用的两口井；仙 11 井井底无积液，压力下降原因待进一步分析。

仙 9 井；井深 2100m 左右，进集气站压力 4.5MPa，为保证气举进站，设计气举油压 5MPa，预测井口注气压力 10～12MPa，日注气量（1.5～3）×10⁴m³。选用仙 6 井作高压气举源。

2003 年 7 月 31 日，仙 9 井实施采用仙 6 井高压气进行气举，井下安装 5 个气举阀，最深 1740m，注气套压最高 11MPa，经过约 2h，在套压 9MPa 下排出井下积液，恢复生产，日产气量（1～2）×10^4m^3，日产液量25m^3左右，排水采气成功。

仙5井2003年7月27日采用仙7井高压气源，进行气举排水采气。仙5井较深，离站较远，设计注气压力11.25MPa，启动压力13MPa，开式气举、井口放空，排尽积液后，停止气举，靠井内产气能量带出积水进行生产，与仙9井方式相同。井下有6级气举阀，最深2500m；由于该井作业压井液用量过多，气举在两天内用8h排出积液，待酸化解除压井堵塞后，开井正常生产，气举排液获得成功。

青海气区目前排水采气刚起步，仅西部的老气田开始试验，东部气田边水活跃，中后期排水开采势在必行，通过西部这两个气田先导试验，积累经验，开发技术，做好准备，意义深远。目前排水采气工艺仅气举一种，今后发展方向如下：

（1）引进研制气举阀的调试装置、提捞工具及配套技术，学习优化设计、工况诊断等工艺方法，完善气举排水工艺。

（2）开展间歇气举，优选管柱、泡排等多种排水采气工艺研究与试验。

（3）学习国内各气田排水采气工艺先进优化、设计、施工和管理经验，结合青海气田实际情况，选择应用。

3）大港板桥凝析气田

板桥凝析气田属于断块气田，由56个断块组成，天然气地质储量194.13×10^8m^3。其中，面积小于1.3km^2的小断块有43个，占断块总数77%，天然气储量94×10^8m^3，占总地质储量48%；面积大于1.3km^2的断块有13个，天然气储量100×10^8m^3，占总地质储量52%。该气田开发特点如下：

（1）含气面积小，无水采气期时间短。无水采气时间占总开采期的9%，采出凝析油量16%。

（2）带水采气后停喷压力升高。中区板Ⅱ油组无水采气停喷压力7.45MPa，带水采气停喷压力12.35MPa，提高5MPa。

（3）降压开采反凝析严重。中区板Ⅱ组北高点油环带原始凝析油含量407g/m^3，降压消耗式开采降为100g/m^3。

该气田排水采气工艺主要采用泡排、小泵深抽、大泵排液三项工艺，应用情况见表1-4-4。

表1-4-4 板桥气田排水采气工艺状况

排水工艺	总件数	有效井/口	有效率/%	累计增油量		累计增气量	
				数量/t	占比/%	数量/10^4m^3	占比/%
泡排	32	24	75	4513	8.14	3472	18.44
小泵深抽	5	4	80	15000	27.07	1742	9.25
大泵排液	14	14	100	35900	64.79	13612	72.31
合计（平均）	51	42	82	55413	100.00	18826	100.00

上述工艺应用效果如下：

（1）泡沫排水。

对井筒积液自喷或停产井，利用化学泡沫剂排液采气，共实施 32 口井，取得良好效果。① 井筒积液和产量波动井恢复平稳生产；② 依靠放喷使低压含水井延长自喷期；③ 使气层压力较高因井筒积液而停喷的井恢复生产。

（2）小泵深抽排水。

对于高含凝析油停喷压力较高的气井，采用直径小于 38mm 的泵下入气层中部或底部进行深抽排液，具体做法如下：

① 将整筒泵改造为悬排泵，泵顶端悬挂在 ϕ73mm 油管内，底端自由，在斜井中泵下加接尾管，保证泵体不变形，轻油漏失量小。

② 泵口安装保护器，防止下泵时泥砂、杂物进泵。

③ 配套井下接杆器，作业下泵时将泵筒、活塞、保护器、拉杆一并下入井内，抽油杆下端连接杆器，下到井底时接杆器与拉杆上打捞头连接，保证下泵质量。

④ 泵下接 1.5in 小直径油管，下到气层顶部，利用气体膨胀举升管内液体。

⑤ 应用杆柱组合设计程序进行杆柱设计，并配套防脱的斜井抽液工具，共应用 5 口井，4 口井有效。

（3）大泵排液。

对于上述两种工艺难以复产的高含水井，采用下入 ϕ44mm 泵、深度 1000～1500m 进行排液，统计下入 14 口井，排水采气均在一年半内抽喷，恢复到自喷期产气水平。如板中 15-1 井，板 Ⅱ 组用 5mm 油嘴，日产气量 10015m³，投产不喷油。下 ϕ44mm 泵后，日产油量 5t，日产气量 5000m³，日产水量 4.6m³，半年后抽喷 8mm 油嘴，日产油量 9.9t，日产气量 27000m³，日产水量 5.39m³，自喷生产 5 年，累计产油量 11410t，产气量 6232×10^4m³。

板桥凝析气田开采近 20 年，后备储量不足，不能满足稳产要求，应增加新的后备储量，提高采收率，排水采气不是制约该气田开发的重要问题。研究气田新的开采方式：① 注水开发，选 2 个区块进行注水；② 试验电磁加热技术，改变地层和流体产状，将电热器下入井内，加热气层，提高天然气及轻油渗流和举升能力，提高采收率。

4）华北油田

华北油田共探明气藏 38 个，探明地质储量 273.65×10^8m³，可采储量 130.56×10^8m³，其中投入开发 27 个气藏，已动用地质储量 203.2×10^8m³，可采储量 91.48×10^8m³，动用程度 74.3%；累计产气量 29.33×10^8m³，可采储量采出程度 32.06%。投产气井 53 口，井口最高日产气量 160×10^4m³。表 1-4-5 为气井分类表，以苏 1、苏 4、苏 49、顾辛庄等弱底水凝析石灰岩气藏，兴 9 砾岩气藏，文 23 砂岩气藏为主力气藏，其他为零散气藏，按稳产气藏、试采气藏、其他分为三种类型气井。

苏 1 潜山见水井有苏 1-4 井、苏 1-9 井，其特点包括：（1）底油上窜，黑油密度缓慢上升；（2）油窜期短，油窜后气井很快见水，气、凝析油、黑油、水同出。

表 1-4-5　华北油田生产气井分类统计表

气藏		正常生产井 / 口	间开井 / 口	连续关井一年以上停产井 / 口
稳产气藏	苏 1	6（苏 1-4 井、苏 1-5 井、苏 5-7 井、苏 1-8 井、苏 1-9 井、苏 1-14 井）		3（苏 1-6 井、苏 3 井、苏 7 井）
	苏 4	3（苏 4 井、苏 4-1 井、苏 4-14 井）	3（苏 4-6 井、苏 404 井、苏 402 井）	
	苏 49	3（苏 49 井、苏 49-1 井、苏 49-2 井）		
	顾辛庄	1（坝 33-1 井）	1（坝 67 井）	
	文 23	2（文 23 井、文 53 井）		1（文 23-1 井）
	兴 9	2（兴 9-1 井、兴 9 井）		
试采气藏	文 23	3（文 23-2 井、文 23-3 井、文 23-4 井）		
	泉 241-1	3（泉 24 井、泉 241 井、泉 241-5 井）		1（泉 241-10 井）
	固 131		4（固 13 井、固 231 井、固 13-1 井、固 13-2 井）	
	因 32	1（固 32 井）	1（固 29 井，投产水淹）	
	廊东零散井		5（安 66 井、安 90-62 井、安 90-39 井、安 313 井、安 56-3 井）	1（安 304 井）
	柳泉零散井	4（泉 36-1 井、泉 67 井、泉 98 井、泉 169 井）		
	别右庄	2（京 39 井、京 30-4 井）	2（京 51-1 井、京 51 井）	
其他	苏 20	1（苏 20 井）		
合计		31	16	6

苏 4 潜山：6 口井中 5 口井生产正常，苏 402 井、苏 4-6 井、苏 4-14 井处于构造低部位，日产气量 $12 \times 10^4 m^3$，采气强度大，底水沿裂缝上升，3 口井快速见水，苏 4-6 井关井一年半，苏 402 井上返补孔，苏 401 井间开。

零散井气藏出水特征：从生产现状看，主要是砂层，厚度小、产能低，水量有限，一旦出水就会停喷，层间水或底水上窜。

华北油田见水气藏采用整体治理措施，治理原则如下：

（1）排除底水和井底积水，建立合理生产压差，最大限度延长气藏生产时间，提高气藏动用程度和采收率。

（2）主力气藏以气举排除井底积水和降低生产压差为主。

（3）零散井气藏以机抽、泡沫排水采气为主，辅之卡堵水技术。

华北油田气井排水采气工艺应用情况如下：

（1）气举排水工艺。

苏1-6井2000年9月18日开始气举排水，历经短暂放空、连续卸载、稳定生产阶段，气举34天，排水量2976m³，平均日排87m³。2001年6月14日到9月30日重新气举，注气压力11.5MPa，油压4.5MPa，日注气量$3×10^4$m³，日排水量100～110m³，累计产气量$436×10^4$m³，累计产油量351t，累计产水量13723m³。

排水效果：① 改善邻井间气水平衡关系，水侵气藏基本得到控制；② 气藏压力趋于平衡，水区与气区压差减少；③ 本井产油、产气量有所增加。

（2）泡排采气工艺。

在5口井试验20井次（泉20井、泉26井、泉169井、安313井、曹6井），起泡剂为CT5-7D，采用泡沫循环车每次注入50kg，平均每加5～6kg可采出水1m³。泉169井、安313井共生产86天，累计增气量$113×10^4$m³。

（3）优选管柱排水。

试验2口井，采用1.9in油管诱喷排水，固29井停止气举后，89min排水16.5m³，说明小油管有较强携液能力，优选管柱是延长自喷期的有效方法。

（4）机抽排水采气工艺。

现场试验2口井，务48井采用管式泵ϕ38mm×1750.99m，施工前油压为零，开抽后油压升到8MPa，日产气量7000～8000m³，日产油1m³，取得排水效果。

（5）气井卡堵水治理技术。

针对苏1、苏4潜山气藏厚度大，有底水油环气顶区，采用管柱封堵下部见水层，逐层上返开采上层，有效控制产水量，延缓水淹，如苏402井。

未来排水采气攻关方向如下。

（1）建立气举管网，实施排水采气工艺：主要应用在苏1、苏4主力潜山气藏。

（2）应用泡排采气工艺：研制新型发泡剂，耐温130℃，适用含30%～35%凝析油的液相泡排。

（3）完善配套机抽排水采气工艺：采用玻璃钢抽油杆或K级防硫抽油杆、气液置换泵、FL-1井下油水分离器，提高泵的充满程度和机采系统效率，节能降耗。

（4）试验柱塞气举：在文23-4井和固13-1井进行试验，根据试验情况推广使用。

（5）气井卡水堵水工艺研究：对气层厚度大、底水锥进的气藏，进行机械堵水和化学堵水研究。

5）吉林油田

吉林前大采油厂是吉林油田主要产气区，有大老爷府、双坨子、伏龙泉（含小伏龙气田）、布海等气藏，总计地质储量$129.69×10^8$m³。适合前大采油厂气藏排水采气的工艺有以下 5 项。

（1）对低压、低产、高含水气井，采用机抽排水。

主要应用在大老爷府气藏，该区 13 口气井中有 7 口是油井转投产为气井，利用现有抽油设备转为机抽排水采气，更换改进胶皮阀门密封结构，进行排水采气，经济适用、操作简便、安全。

（2）对高含水、低压气井采取放大工作制度或直接放喷排水采气。

这种工艺适用于系统压力不高于 0.5MPa 的气井，方法简单，但要做好与集输系统压力匹配和防止放大压差使地层激动出砂等问题。

（3）研究采用泡排工艺。

该项工艺适用于自喷气井，针对油套压差接近于 1MPa、气水同出、气液比大于 500、产水 $2\sim5m^3$ 的气井，可进行试验。

（4）优选管柱排水。

对未下管柱或气量水量少的气井，优选合理生产管柱进行排水。如双坨子区块 T-25 井，液淹停喷，下入 $\phi62mm$ 油管作为生产管柱，替喷复产，正常采气。

（5）采用 CO_2 气举，捞油车抽汲，邻井气源助排进行排水采气。

该工艺已在双坨子区块 T-25 井进行捞油车抽汲排液，取得成功，目前该井日产气量 $2\times10^4m^3$。T5-10 井因甲醇厂停产关井一个月，致使该井水淹停产，将 T-8 井套管气引入 T5-10 井内，引流排净井筒积液，获得日产气 $2\times10^4m^3$ 的效果。今后应将这种革新性试验成果发展为气井排水采气工艺之一，不断提高采气水平。

第二章 积 液 诊 断

积液是指由于气井生产过程中有地层水产出（地层水的界定，以当地油藏中的地层水主要离子含量或矿化度为基准，凝析水和作业返排水不算），由于自身产量或其他原因井内液体未被气流带出（包括水完全未被带出、流入水不能完全带出的情况，对水的性质没有要求，即水可以是凝析水、地层水，也可以是作业返排水）在井筒内形成的液柱。

积液诊断是指通过各种测试手段对井筒内液柱高度进行定量测试计算的一种工艺，通过明确井筒内液柱高度，为判断气井生产制度及制订气井生产措施提供指导。

第一节 井筒积液原因及危害

地层出水是天然气井生产过程中的伴生现象，随着地层压力的降低，产气量下降，当产气量低于气井临界携液流量时，气体无法将产出水全部携带出井筒，气井井底形成积液[8]。井底积液会带来两大问题：一是井底回压增大，使气井产量进一步下降，严重时积液会淹死气井；二是积液导致气井产层发生水侵、水锁，伤害地层并降低气相渗透率，影响气田最终采收率。

一、气井井筒积液的来源

分析气井积液的来源，通过对原始气水分布特征以及生产动态的认识和分析，得出气井井筒中液体来自井筒热损失导致的天然气凝析形成的液体和随天然气流到井筒的游离液体，主要是指地层水。气井积液来源类型包括凝析水和凝析油、层内水、层间水、边水以及返排工作液。这里只分析凝析水和地层水以及非地层水——工作液三类[9]。

（1）凝析水和凝析油：在气井开采过程中，随着压力的释放以及温度的降低，天然气中凝析液析出，凝析液和地层流体随气体一起流入井筒使得井底积液，一般情况下井底积液会以液滴或雾状形式随气体流到地面，气体呈连续相而液体呈非连续相。但如果井筒中气体的流速小于临界携液流速，不能提供足够的能量使井筒中的液体连续流出井口时，液体将与气流呈反方向流动并积存于井底，气井中将存在积液。井底回压增大，气井产量降低，严重者会使气井停产。

对于积液来源于凝析水的气井，在积液过程中，由于天然气通常在井筒上部达到露点，液体开始滞留在井筒上部，当气井流量降低到不能再将液体滞留在井筒上部时，气泡随之破裂，落入井底。这部分积液也是气井积液的主要来源。

（2）地层水：储层孔隙中含有大量的层间水，层间水分为层间原生可动水和层间次生可动水，原生可动水在压差克服掉毛细管阻力后就可以开始流动，而对于次生可动水，则主要是由于地层压力的下降，岩石结构变形和部分束缚水膨胀，形成可动水开始参与地层水流动。随气体一起流入井筒的层间水造成井底积液，对气井的产量有明显的影响。

（3）非地层水——工作液（钻井液滤液、压井液、压裂液等）返排：钻井过程中，钻井液滤液侵入地层，气井投产后，井底压力降低，钻井液滤液随气体流出地层，进入井筒；此外，各种措施作业时，压井液、压裂液等工作液也会侵入地层，开井后，在压差的作用下从地层返排；气井投产后不久就见水，进一步的确认还需要结合水质分析。工作液返排的产出特征是初期水量较大，随后产出水量逐渐减少，直至消失。

气井一般都会产出一些液体，井中液体的来源有两种：一是地层中的游离水或烃类凝析液与气体一起渗流进入井筒，液体的存在会影响气井的流动特性；二是地层中含有水汽的天然气流入井筒，由于热损失使温度沿井筒逐渐下降，天然气中的凝析水会析出。

二、气井井筒积液产生的危害

气井积液对产气井的影响和危害主要表现在以下几个方面：

（1）气藏积液产水后，气藏将被分割，形成死气区，加之部分气井过早水淹，使最终采收率降低。一般纯气驱气藏最终采收率可达90%以上。水驱气藏采收率仅为40%～50%，气藏因气水两相流动使一次采收率低于40%。

（2）气井积液后，将降低近井地带的气相渗透率，气层受到伤害，产气量迅速下降，递减期提前。

（3）气井积液产水后，由于在产层和自喷管柱内形成气水两相流动，压力损失增大，能量损失也增大，从而导致单井产量迅速递减，气井自喷能力减弱，逐渐变为间歇井，最终因井底严重积液而水淹停产。

（4）气井产水积液后将降低天然气质量，增加脱水设备和费用，增加了天然气成本。

井筒积液将增加对气层的回压，限制井的生产能力。井筒积液量太大，可使气井完全停喷，这种情况经常发生在大量产出地层水的低压井内，高压井中液体以段塞流形式存在，它会损耗更多的地层能量，限制气井的生产能力。另外，井筒内的液体会使井筒附近地层受到伤害，含液饱和度增大，气相渗透率降低，井的产能受到损害。

在低压井中积液可完全压死气井，造成气井水淹关井，使气藏减产。

三、气井积液影响产能机理

随着气田的逐步开发，气井的地层压力降低，气井的产量也将逐步减小，即出现低压低产气井，这里的低压一般是指气藏的压力系数 α 小于 0.8，而低产则根据各个油田的实际情况有不同的划分标准，一般而言，是指日产气量小于 $2 \times 10^4 \text{m}^3$。

1. 流体性质对气井近井地带岩石渗流能力的影响

理论上，岩石绝对渗透率与测试流体性质无关，即气测岩石绝对渗透率与液测岩石绝对渗透率应是相同的。但在实际测试中，气测岩石绝对渗透率与液测岩石绝对渗透率一般存在差异，而且这种差异随着岩石绝对渗透率降低而增大，其主要原因是气体存在滑脱效应，且这种滑脱效应随着岩石绝对渗透率降低而相对增大。另一个导致气测岩石绝对渗透率与液测岩石绝对渗透率存在差异的重要原因是，气体分子、液体分子与岩石固体分子之间的吸附作用，尤其是液体分子会在岩石固体表面上形成一定厚度的液膜。这一层吸附液膜十分牢固，具有反常的力学性质和很高的抗剪切能力，几乎无法用机械方法除去。对于气体分子，由于气体分子与岩石固体分子之间的吸附作用力较弱，吸附气膜厚度也相对较小，因而气体分子能够通过很细的孔道，但对于液体分子，半径刚好等于和小于吸附层厚度的孔隙，会因吸附膜堵塞而失去流通通道作用，较大的孔道也会因吸附液膜的存在而变为相对较小的孔道，表现为储层岩石的渗透率降低。

由于吸附层的厚度受岩石表面及液体性质、孔隙结构、表面粗糙度、温度及压力等多种因素的影响，随上述因素影响的差异而不同，吸附作用的影响程度也不同。对于气体渗流，对于岩石渗透率达到几个毫达西以上的气藏，由于孔道相对较大，即使产生了液体吸附膜堵塞伤害，使储层岩石气相有效渗透率降低到 0.1mD 数量级，也能为气相留出足够的流通通道，从而使气井维持正常生产。但对于岩石渗透率为 0.1mD 数量级的储层，由于孔道相对较小，一旦产生了液体吸附膜堵塞伤害，则较难为气相留出足够的流通通道，从而较难建立有效的产能而使气井突然出现停产现象。因此，低渗透凝析气藏反凝析污染将对气井生产动态、气藏采收率等产生严重的影响。

2. 井底凝析水性质及地层水敏性对气相渗透率的伤害

水敏伤害是指与地层流体不配伍的外来流体进入地层后，引起黏土的膨胀、分散、运移，从而导致渗透率下降的现象。对于天然气井生产过程，除入井工作液外，一般不存在注水的水敏伤害。出现水敏伤害的主要原因是气井产量低于最小临界携液流速后，凝析水在井底的凝析与聚集。井筒中的凝析水与蒸馏水相似，具有特别低的矿化度。当储层中含有黏土矿物时，凝析水的聚集将引起井底周围储层中的黏土膨胀、分散，在井底高速气流的冲击下，也会产生分散微粒的运移，从而引起储层渗透率的水敏伤害。

3. 井底积液渗吸作用及其对储层气相渗透率的伤害

由于低压低产气井产量往往较难达到最小临界携液流速，析出的凝析油、凝析水不能完全被气流携带出井，从而聚集在井底周围，造成对储层渗透率的伤害。另外，在凝析液—气—岩石组成的系统中，凝析液为岩石的绝对润湿相，在毛细管压力的作用下，凝析液会自渗至井底周围岩石的孔道中，附着在介质上，将介质间的孔隙部分堵死，造成井底周围地层严重的液阻作用，并导致凝析气井生产动态不正常，严重时产生液锁现象。即使加大压差，打通孔隙，由于岩石的亲液性，一般也不能完全解除液锁，部分液体仍然附着在介质表面，使其气相的流通孔道变小，从而影响岩石的气相有效渗透率。

四、气井井筒积液的识别

多数气井在正常生产时的流态为环雾流，液体以液滴的形式由气体携带到地面。在天然气开采中，随着气藏压力和天然气流动速度的逐步降低，不能提供足够的能量带出井筒中的液体时，液滴将下沉，落入井底形成积液（图2-1-1），增加对气层的回压，限制气井的生产能力；井筒积液量太大，可压死气井使其完全丧失生产能力[10]。

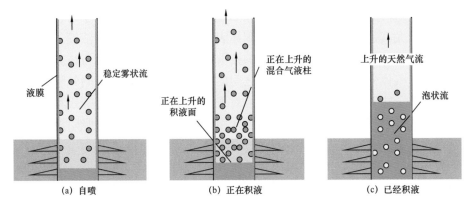

图 2-1-1　气井积液过程示意图

典型井筒积液过程如图 2-1-1 所示：

（1）生产初期，气体有足够流动能量将全部液体带出井筒，井筒中无液体回落。

（2）气井生产一段时间后，气流速度降低或含水量升高，导致气井没有足够能量将所有液体带上地面，造成液体开始回落。

（3）产生积液。

（4）随着井底静水压头增大，积液量不断增加，达到一定程度后积液重新侵入近井区域的储层。

（5）积液侵入储层后，气井又变成"无载的"，井筒气体又能再次流动，且气体能将井筒中所有液体带到地面。

从（1）到（5）不断循环，也是对气井井筒积液的典型间歇反应，直到储层潜力开始下降或产液量上升，这种循环才被打破。

气井产水后，气液两相管流的总能量消耗将显著增大，气井自喷能力减弱，并随着气藏采出程度和产水率的增加，气体携液能力会越来越差，当气相不能提供足够的能力来使井筒中的液体连续带出时，气井中将持续积液。

井筒积液将增加对气层的回压、限制井的生产能力，井筒积液量太大可使气井完全停喷，这种情况经常发生在大量产出地层水的低压井内，高压井中液体会以段塞形式出现。另外，井筒内的液柱会使井筒附近地层受到伤害（反向渗吸），含液饱和度增大，气相渗透率降低，井的产能受到损害。

第二节　气井井筒积液的诊断方法

气井靠自身能量携液是最经济也是最简单的排液方式，尽量地延长自喷采气期是每个气田都遵循的一条基本原则。过早地采取排水采气措施不能够充分利用地层的能量，加大了投入成本；而过晚地采取排水措施又会导致气井积液，会给气田带来严重的危害。因此，怎样准确地诊断气井的积液具有重要意义。

目前诊断气井积液的方法归纳起来主要为生产数据分析法、生产测试法、临界流量法三类[11]。

一、生产数据分析法

该方法是通过对比日常产液、产气等数据，与正常生产数据相比较，若这些生产数据出现明显异常情况可判断积液。具体表现在以下几个方面：（1）产量迅速下降；（2）气井产出液体量急剧减少；（3）井口油压下降，套压增加；（4）油套压差增加；（5）井底压力或其压力梯度迅速增高；（6）气井出现间喷。

气井在正常生产过程中产量随地层能量的下降是一个缓慢的过程，不会出现急剧下降的现象，但若气井积液，哪怕只是很少的液体，也会给井底带来很大的回压（比如 0.1m³ 的积液会在 62mm 内径油管内形成 33.14m 高的液柱，若液柱全是水，就会给井底带来 0.33MPa 的回压），表现在产量上来看就是产量迅速下降；气井积液时，由于滑脱效应使得地层产出的液体不断大量地落回到井底，这使得产出到地面的液体会迅速减少，表现为计量的产出液减少；对没下生产封隔器的井，正常生产时油压和套压之间相差是很小的，油套压差明显增大，则可判断积液。

二、生产测试法

生产或关井状态下向气井井内下入电子压力计进行压力剖面测试或采用其他仪器探测气液界面，根据压力梯度的变化或气液界面的情况判断气井是否积液，图 2-2-1 是苏东 40-36 井的压力剖面测试图，图中压力梯度突变的部位就是积液液面位置。这种方法的优点是诊断准确，但缺点是不能长期连续地监测，发现时气井已经积液，不能对即将积液的气井起到预防和提示作用。另外，该方法需要开展作业和配备相关仪器，增加了开发的成本。

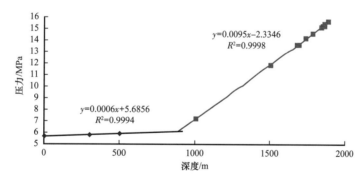

图 2-2-1　苏东 40-36 井压力剖面测试曲线

三、临界流量法

气井在生产过程中存在一个临界流量，当实际产量大于这个临界流量时，气流就有足够快的速度将井底产出的地层液全部带到井口而不落回井底形成积液，但当实际产量小于这个临界流量时，气井就不能提供足够的能量将产出的液体全部带到井口。临界流量计算方法是通过准确计算气井的临界流量，然后将实际的产量跟这个临界流量进行对比，若实际产量大于临界流量，则气井无积液，否则积液。

第三节　智能化积液诊断技术

一、技术现状

近年来，为了持续监测气井液面变化情况，利用次声波遇到障碍形成反射的原理，研制了液面监测设备，形成气井积液诊断技术，通过实时监测气井液面变化，调整气井生产制度，能够有效提高气井精细化管理程度。目前，设备种类较多但其主要原理一致，仅在主体结构上存在差异，以下以 ZJY-7 型（图 2-3-1）液面自动监测仪为例，阐述该技术工艺。

图 2-3-1　现有气井用液面自动监测仪

二、仪器测试原理

该技术采用次声波反射原理，即通过井内或井外产生一个次声波，然后利用该声波沿环空向井下传播，通过接收反射的声波来分析计算液面位置。具体工艺实现过程如下：

根据油气井的自然情况，对于有压井，利用井内自身气体来测试。将套管环空中的高压气体突然释放到储气室，在井口处环空中的气体瞬间膨胀，产生膨胀冲击波。对于无压井，需要利用外部高压气源（例如高压氮气瓶），将高压气体突然释放到气井内，在井口处环空中的气体瞬间压缩，产生压缩冲击波。该声波（压缩或膨胀）脉冲沿环空向井下传播，遇到油管接箍、音标、气液界面产生反射声波脉冲，由微音器组件接收声脉冲转换成电信号，通过控制电路进行数字处理，自动计算出液面深度，测试结果和曲线图形存储到控制电路的数据存储器中，如图 2-3-2 所示。

三、仪器功能

1. 工作流程

工作流程如图 2-3-3 所示。地面控制仪与服务器之间采用间断式连通方式，GPRS 通信模块平时处于"关闭/休眠"模式，用户可以事先制订测试计划，设定测试时间表或测试间隔。测试后自动将数据发回事先指定的服务器。如遇网络不畅，则在地面控制仪内存储数据，网络正常后再上传数据。

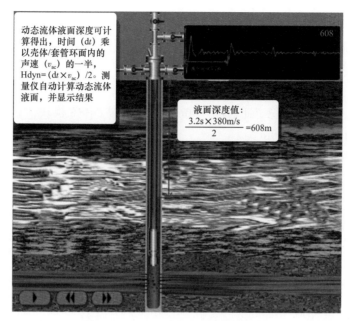

图 2-3-2　液面自动监测仪测试原理

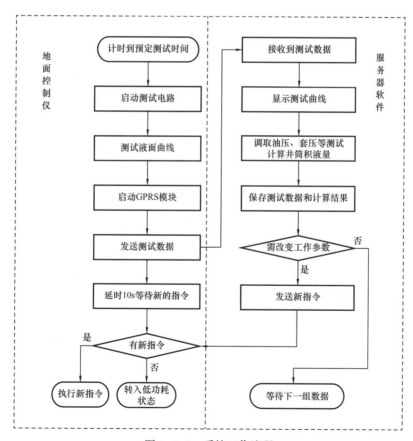

图 2-3-3　系统工作流程

2. 设备性能

井筒积液诊断装置可长期安装在气井上，具有单次测试成本低、实时动态、连续监测气井实际积液情况的优点，其主要设备参数如下。

电源供电：交流 220V ± 10%。

短距离无线通信距离（稳定通信）：100m；可以内置 GPRS 模块，直接数据远传。

测量井深范围：20～3500m。

重复测试精度：小于 1m。

套压范围：0.5～20MPa，0.5～35MPa。

承受压力：不小于 40MPa。

工作环境：-40～65℃。

输出信号：RS485/ 无线 ZigBee，标准 Modbus 协议。

防护等级：IP65。

具有防爆合格证，防爆等级：Exd Ⅱ BT4。

3. 液面波计算流程

液面波由系统程序自动完成，其自动查找的主要流程如图 2-3-4 所示。

4. 声速推导流程

声速是计算液面深度的重要参数，当环境介质、温度、压力不同时，声速会有较大变化。因此不能用固定声速计算液面深度。一般采用接箍法，利用接箍反射波对声速进行实时修正。其推导流程如图 2-3-5 所示。

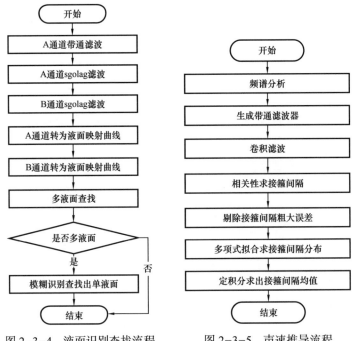

图 2-3-4　液面识别查找流程　　　　图 2-3-5　声速推导流程

5. 积液量计算

气井井筒积液主要包括环空、油管和油管鞋以下三部分（图 2-3-6）。

总积液量表达式为：

$$Q_L = Q_c + Q_t + Q_b \qquad (2-3-1)$$

环空积液量：

$$Q_c = \frac{\pi}{4}\left(D_1^2 - d_2^2\right)\left(H - h_c\right) \qquad (2-3-2)$$

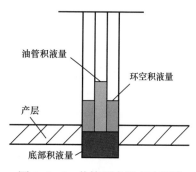

图 2-3-6　井筒积液组成示意图

油管积液量：

$$Q_t = \frac{\pi}{4}d_1^2\left(H - h_t\right) \qquad (2-3-3)$$

油管鞋以下井筒积液量：

$$Q_b = \frac{\pi}{4}D_1^2\left(H' - H\right) \qquad (2-3-4)$$

式中　D_1——套管内径（输入），m；

$\quad\quad d_1$——油管内径（输入），m；

$\quad\quad d_2$——油管外径（输入），m；

$\quad\quad H$——油管下深（输入），m；

$\quad\quad h_t$——油管液面深度（未知），m；

$\quad\quad H'$——人工井底（输入），m；

$\quad\quad h_c$——环空液面深度（液面至井口距离，测试返回值），m。

从式（2-3-1）至式（2-3-4）可以看出，只有油管液柱高度为未知量，其余都为已知量。而油管液面高度可按图 2-3-7 所示流程推导得出。

四、现场应用

截至 2021 年底，该类设备在天然气井、油井、煤层气井及页岩气井均有应用，全国应用井数超过 2000 口，长庆油田应用 100 余口，主要用来监测套管液面的变化情况。

1. 安装步骤

现场安装诊断装置时，首先需要关闭井口 6 号阀门，放空后卸掉缓冲器，然后在原来安装缓冲器的位置安装套管三通。其次，将诊断装置和带压变的缓冲器

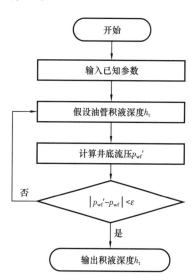

图 2-3-7　油管液面深度推导流程

安装在套管三通上。关闭油管压变处截止阀，在油管压变处接入三通，并用回收管路连接限压阀出气口和油管处三通（现场安装图如图2-3-8所示）。进行密封性检测，确认系统不漏气。连接电缆进行手动测试，确认气体可通过回收管路排入地面管线，不对外放空。

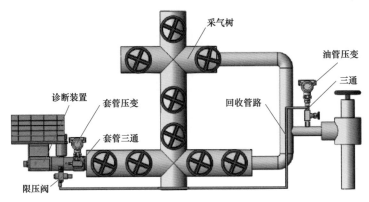

图2-3-8　现场安装图

2. 现场测试精度

1）重复精度测试

通过对一口井的连续测试数据进行对比，各测试结果之间误差小于10m，重复精度误差小于10%。满足现场应用需求。

2）测试深度精度对比测试

为了验证设备测试的准确性，可选取测试井通过目前最为准确的压力梯度测试法进行对比测试，某试验井积液诊断设备测试油管液面3113m，同日压力梯度测试法测得深度3105m，误差8m，符合程度较高（图2-3-9和图2-3-10）。同时结合重复测试精度小于10m，该设备目前满足气田液面测试准确性要求。

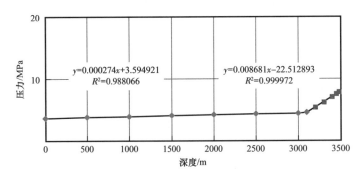

图2-3-9　井筒压力梯度法测试液面深度

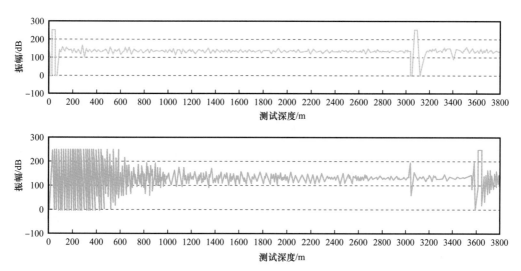

图 2-3-10　液面诊断装置测试液面深度（苏 48-15-88C4 井）

第三章 泡沫排水采气技术

随着气田的开发，地层能量逐年下降，积液气井数量不断增加，严重影响气井产能正常发挥，及时采取排除井底积液的有效措施可以防止气井过早停产，延长气井寿命。泡沫排水采气技术因其适应性强、措施有效率高等特点，在国内外气田排水采气工艺中应用比例高达 60% 以上，是气田排水采气的主体技术。长庆油田气区分布区域广、气井数量多，泡排用量大，目前气井起泡剂加注有人工井口加注和自动设备加注两种方式，后者在一定程度上降低了员工劳动强度，降低了操作成本。

第一节 泡沫排水采气工艺机理

一、工艺原理

泡沫排水采气是通过套管或油管注入起泡剂，在气流的搅动下，使气液充分混合[12]，通过分散、减阻、洗涤等作用，与井筒积液形成具有一定稳定性的泡沫，改变井底及油管内的气液分布结构，同时也改变油管内低部位流体的相对密度，一方面气相驱使泡沫流出井筒，另一方面泡沫柱底部的液体不断补充进来，逐步实现油管内气液结构的连续分布，随着排液过程的进行，井底回压减小，提高了气体的举升能力，使气井产能得到部分或完全恢复，从而达到增产、稳产的目的。另外，泡排剂还可使不溶性污垢如泥沙和淤渣等包裹在泡沫中，随气流排出，达到疏导气水通道，实现增产、稳产的目的。

泡排剂加入积液井筒后，气井内的液注将变为泡沫柱，形成稳定的充气泡沫（泡沫由充气泡、泡膜和液沟构成），这样就降低了液体表面张力，改变了井底及油管内的气液分布结构，减少了油管内液相滑脱损失，降低了油管内混合流体的相对密度，减小了井底回压，减少了井筒积液，增加了气井产气量，延长了气井后期生产时间，提高了采收率。

该工艺具有以下几个方面的特点：

（1）适用于弱喷及间歇喷产水气井的排水。

（2）投资小，见效快；操作简便；易于推广，井的适应性强，选井范围大。

（3）工艺井须有一定的自喷能力；需定时定量向井筒添加泡排剂，该工艺的排液能力不高，气液比较小；井身结构要求严格；工艺参数的确定难度较大。

该工艺的排液能力一般在 $100m^3/d$ 以下，因起泡剂的注入量与井的日产水量成正比，产水量过高的井需要的药剂用量很大，并且要连续注入，工作量大。国内气田近二十年的实践经验表明，日产水量一般小于 $100m^3$，实施效果较好。

该工艺能充分利用地层自身能量实现举升，因而成本低、投资小、见效快，经济效益显著，设备配套简单，其举升流程与自喷生产完全相同；实施操作简便，实施过程中不需特殊的修井作业及关井，泡沫排水采气技术为一种常规排水采气技术，在各气田得到了广泛应用。

工艺技术原理如图 3-1-1 所示。

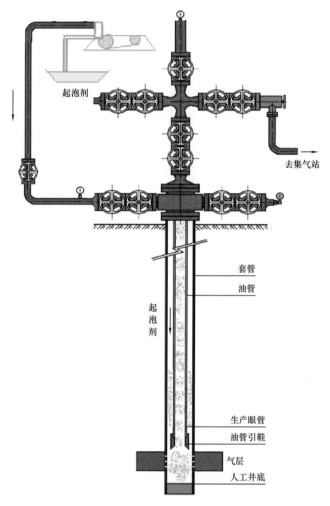

起泡剂

去集气站

套管
油管

起
泡
剂

生产眼管
油管引鞋
气层
人工井底

图 3-1-1　泡沫排水采气技术原理图

二、泡沫作用机理

泡沫具有非常大的气液界面面积，其表面自由能比较大，自由能具有自发减少的趋势，所以泡沫是热力学上的不稳定体系，泡沫会逐渐破灭，直至气、液完全分离[8]。但是在体系中加入一定量的辅助表面活性剂、稳泡剂等物质，即可获得稳定性良好的泡沫。

1. 泡沫的稳定机理

泡沫稳定作用机理可分为两类。

第一类是利用分子间力及氢键力增强溶液表面黏度，提高泡沫体系稳定性。表面黏度是指液体表面单分子层内的黏度。这种黏度主要是表面活性剂分子在其表面单分子层内的亲水基间相互作用及水化作用而产生的。皂素、蛋白质及其他类似物质的分子间，除范德华力外，分子间的羧基、胺和羰基间有形成氢键的能力，因而有很高的表面黏度，形成很稳定的泡沫。

第二类是通过水溶性聚合物的加入，提高溶液黏度，增强泡沫体系稳定性。水溶性聚合物的加入，提高了溶液的黏度，增长了泡沫重力排液松弛时间、气体扩散松弛时间及泡沫半衰期，进而增加了泡沫的稳定性能。

2. 泡沫的衰变机理

泡沫体系存在着巨大的气液界面，是热力学上的不稳定体系，泡沫最终是要破坏的。泡沫不稳定，会很快发生衰变，造成泡沫破坏的主要原因是泡沫液膜的排液减薄和气体穿透液膜扩散。

1）泡沫液膜的排液减薄

泡沫的存在是因为气泡间有一层液膜相隔，如果把液膜看作毛细管，根据泊肃叶公式，液体从膜中排出的速度与厚度的四次方成正比，这意味着随排液的进行，排液速度急剧减慢。气泡间液膜的排液主要是由以下两个原因引起的。

（1）重力排液。

存在于气泡间的液膜，由于液相密度远远地大于气相的密度，因此在地心引力作用下就会产生向下的排液现象，使液膜减薄，由于液膜减薄其强度也随之下降，在外界扰动下就容易破裂，造成气泡并聚，重力排液仅在液膜较厚时起主要作用。

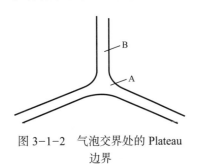

图 3-1-2　气泡交界处的 Plateau 边界

（2）表面张力排液。

在液膜排水机理中，边界起着重要作用，三个泡沫相遇时，隔膜必以互呈 120° 的方式相交才能稳定。由于泡沫是由多面体气泡堆积而成，根据 Laplace 方程，气相与液相间就产生压降，在泡沫中气泡交界处就形成了如图 3-1-2 所示的形状，称为 Plateau 边界（也称为 Gibbs 三角）。

根据 Laplace 公式，可以导出：

$$p_{B} - p_{A} = \frac{\sigma}{R} \qquad (3-1-1)$$

式中　p_{A}——A 处的液膜压力，Pa；

　　　p_{B}——B 处的液膜压力，Pa；

　　　σ——表面张力，mN/m；

　　　R——三个气泡的气泡半径，mm。

如图 3-1-2 所示，B 处为两气泡的交界处形成的气液界面，其相对比较平坦可近似看成平液面，而 A 处为三气泡交界处，液面为凹液面，由 Young-Laplace 公式可知，此处液体内部的压力小于平液面内液体的压力，即在边界处的液压要比附近小曲率处的液压小，所以 B 处液体的压力应大于 A 处液体内部的压力，因此液体从压力大的 B 处向压力小的 A 处排液，使 B 处的液膜（20～200nm）逐渐减薄（小曲率处的液体向边界流动），待达到临界厚度（5～10nm）时就会导致液膜破裂。泡沫体系为了达到平衡总是使 A、B 之间的压差最小，当因外力使表面膜变薄或扩张时，由于膜中有表面活性剂分子，就产生一相交的力反抗膜的扩张，就好像是橡皮筋拉长时有一股反向收缩的力，这就是液膜的弹性。这由两种效应互相补充进行：一种是 Gibbs 效应，即表面张力在表面活性剂低于临界胶束浓度（CMC）时，因浓度的增加而变小；另一种是 Marangoni 效应，即表面张力随时间面变化的效应，形成新表面时，其表面张力常比达到平衡时的表面张力高。两者均考虑由于膜的拉长使表面张力增加，并产生表面张力梯度，这样膜厚处的液体就流向薄膜区，防止薄膜进一步变薄，通过这种表面迁移，将薄膜修复到原来的厚度（图 3-1-3）。

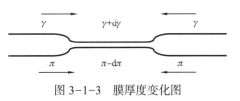

图 3-1-3　膜厚度变化图

　　若从弯曲的附加压力来考虑要使 A、B 之间的压力差最小，根据 Gibbs 三角模型考虑，膜之间的夹角应当为 120°时，A、B 之间的压力差最小。

　　根据多变形公式内角和公式：

$$\frac{(n-2)\times180}{n}=120 \tag{3-1-2}$$

　　求解得到 $n = 6$，即六边形；多边形泡沫结构中大多数是六边形就是这个道理。

2）气体透过液膜扩散

　　无论用什么方法产生泡沫，泡沫的大小总是不均匀的。由于弯曲液面附加压力作用：

$$p = \frac{2\sigma\cos\theta}{r} \tag{3-1-3}$$

式中　p——附加作用力，Pa；

　　　σ——表面张力，mN/m；

　　　θ——接触角，（°）；

　　　r——半径，mm。

　　从式（3-1-3）可以得出，半径越小，附加作用力越大。小泡内的气体压力总是高于大泡内的气体压力，因而气体自高压的小泡透过液膜，扩散到低压的大泡中，造成小泡变小，直至消失，大泡变大，最终导致气泡破裂的现象。此过程依赖于气体穿过液膜能力的大小，通常可利用液面上气泡半径随时间变化的速率来衡量液膜的透气性。

　　泡间的气体扩散，会导致泡沫液膜总表面积降低，而泡沫液膜总表面积随时间的变化，是泡沫稳定性的基本指标，Ross 等据此提出封闭体系中的泡沫方程：

$$A(t) = (3V/2\sigma)(\Delta p_\infty - \Delta p_t) \tag{3-1-4}$$

式中　$A(t)$——时间 t 时泡沫液膜的面积，mm²；

V——封闭体系的体积，mm^3；

Δp_∞——泡沫完全破灭后体系的压力增量，Pa；

Δp_t——时间 t 时泡沫外部空间的压力增量，Pa。

只要测出不同时间的 Δp_t，就可计算出 $A(t)$。

$$A_r = \frac{A(t)}{A(0)} = 1 - \frac{\Delta p_t}{\Delta p_\infty} \qquad (3-1-5)$$

式中　$A(0)$——初始时刻泡沫液膜的面积，mm^2。

因此，不难得出相对界面面积 A_r 和泡沫寿命 L_f 的关系：

$$L_f = \int_0^\infty A_r \mathrm{d}t \qquad (3-1-6)$$

1983 年，Monsalve 和 Schechter 研究了上述结果，认为根据上述方程建立的测定方法，因不可能使每次的泡沫大小分布完全一致，而重现性较差。后来，Monsalve 等在实验的基础上提出了经验方程：

$$A_r = K_g \exp(-t/\tau_g) - K_d \exp(-t/\tau_d) \qquad (3-1-7)$$

式中　τ_g——泡沫衰变的重力排液松弛时间，s；

　　　τ_d——气体扩散松弛时间，s；

　　　K_g——重力排液常数；

　　　K_d——气体扩散常数。

Galllaghan 等用光电方法研究泡沫衰变的结果，也得到了与式（3-1-7）相似的方程。这表明该经验式反映了泡沫衰变的基本规律。

3. 影响泡沫稳定性因素

影响泡沫稳定性的因素很多，主要有表面活性剂的分子结构、温度、界面张力、界面膜的性质、表面活性剂的自修复作用、泡内气体的扩散、压力和气泡大小的分布、溶液黏度、表面电荷等因素，考虑多孔介质中泡沫的稳定性因素，其中最主要的因素有表面活性剂的分子结构、温度、界面张力、表面活性剂的自修复作用。

1）表面活性剂的分子结构

为了提高泡沫的稳定性，液膜须具有高黏度，表面活性剂就必须在液膜表面形成紧密的吸附膜，因此表面活性剂的疏水碳氢链应该是直链且为较长的碳链，一般起泡剂的碳原子数以 C_{12} 和 C_{14} 较好。

2）温度的影响

一般情况下，泡沫稳定性随温度的增高而下降。在低温和高温下泡沫的衰变过程不同：低温时，当泡沫的液膜达到一定厚度时，泡沫就呈现出亚稳状态，其衰变机理主要是气体扩散；高温时，泡沫的破灭由泡沫柱顶端开始，泡沫体积随时间的增长有规律地减小。这是由于在最上面的液膜上侧，总是向上凸的，这种弯曲膜对蒸发作用很敏感，温度越高蒸发越快,膜变薄到一定厚度时,就破裂了。因此,大多数泡沫在高温下是不稳定的。考虑实际地层多孔介质中处于高温状态,针对泡沫驱油施工过程,要求起泡剂在高温下具有良好的起泡能力和稳泡能力。

3)表面张力

根据 Laplace 公式,液膜的 Laplace 交界处与平面膜之间的压差和表面张力成正比,表面张力低则压差小,因而排液速度较慢,液膜变薄较慢,有利于泡沫稳定。但是气液界面张力的大小是泡沫产生的重要条件但并非必要条件。低表面张力有利于泡沫的形成,但生成的泡沫并非一定是稳定的。只有当形成多面体的泡沫时,表面张力排液的作用才能显现出来。

4)表面活性剂的自修复作用

Marangoni 认为当泡沫受到外力冲击或扰动时,液膜会发生局部变薄使液膜面积增大,导致表面活性剂的浓度降低引起此处的表面张力暂时升高,即图 3-1-4 中的 A 处的半径小于 B 处的半径,由于 B 处的表面活性剂浓度高于 A 处的,所以表面活性剂由 B 处向 A 处迁移,使 A 处的表面活性剂浓度恢复,表面活性剂在迁移过程中同时也携带邻近的液体一起移动,使得 A 处的液膜又变成原来的厚度。表面活性剂的这种阻碍液膜排液的自修复作用亦称为 Marangoni 效应。

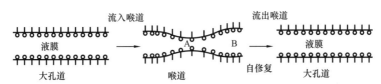

图 3-1-4 多孔介质中表面活性剂的自修复作用

泡沫流过多孔介质过程中,当泡沫通过孔隙喉道处,会引起液膜局部变薄,使液膜面积增大,引起此处表面活性剂的浓度降低,从而形成局部的表面张力梯度,因此液膜会产生收缩趋势,犹如液膜具有了弹性。通过收缩使该处表面活性剂浓度恢复并且能阻碍液膜的排液流失,把液膜这种可以收缩的性质称为 Gibbs 弹性。这种因表面张力梯度引起的收缩效应使吸附了表面活性剂的液膜在受到冲击后,产生自动修补液膜变薄处现象,表现出表面活性剂的自修复作用。

表面活性剂使液膜具有 Gibbs 弹性,对于泡沫稳定性来说,比降低表面张力更重要。Gibbs 用式(3-1-8)来表示膜弹性。

$$E = 2A \left(\frac{d\sigma}{dA} \right)_{T, N_1, N_2} \qquad (3-1-8)$$

式中 E——膜弹性,mN/m;

　　A——膜面积,mm²;

　　σ——表面张力,mN/m;

　　T——温度,℃;

N_1，N_2——组分。

由式（3-1-8）可知，A 值越大，弹性就越大，液膜的自愈能力就越强。

表面活性剂的浓度对其自修复作用有一定影响。由于液膜厚度比长度小得多，液膜沿垂直方向建立平衡比沿水平方向快得多。若表面活性剂的浓度太高，液膜变形区表面活性剂的补充往往是从垂直方向补充。于是液膜变形区表面活性剂的浓度可以恢复，但液膜的厚度却无法恢复。这样的液膜机械强度差，这就是表面活性剂的浓溶液泡沫稳定性差的原因。表面活性剂的浓度太稀，则液膜表面的表面活性剂浓度也不会高，当液膜变形伸长时液膜表面的表面活性剂浓度变化不大，表面张力下降也不大，$d\sigma/dA$ 值小，液膜弹性低，自修复作用就差，泡沫稳定性也差。泡沫最稳定的浓度是在某一浓度 C 时 $d\sigma/dA$ 取得极大值时的浓度，表面活性剂在这一浓度下所产生的泡沫是最稳定的。因此泡沫流过多孔介质时，为得到泡沫的稳泡性能良好状态，存在一个最佳的浓度。

4. 泡排剂的效应

泡排剂的效应有以下四种：

（1）分散效应，将液相表面张力降低，液滴在相同动能条件下更易分散。

（2）泡沫效应，使水和气形成水包气的乳状液，将液柱变为泡沫柱减少对井底回压；减少水的滑脱，使气、水同步流出井口；因气泡壁形成的水膜较厚，使泡沫携液量大。

（3）减阻效应，加入发泡剂后增加了泡沫的稳定性，使泡沫柱的增加倍数很高，有利于不溶性污垢包裹在泡沫中被带出井口，可以起到解除堵塞、疏通流道、改善气井生产能力的作用。

（4）促进流态的转变，表面张力下降，促使水相分散。

因此，泡排剂的性能及其加入方式极大影响其工艺效果。

第二节　药剂及评价方法

气井泡沫排液中，所用起泡剂的类型、浓度等直接影响排液效率。因此，气田现场在使用该类化学药剂时，首先要确保药剂的安全性，同时保证其性能，这就需要对加入药剂开展各方面的性能检测。

一、药剂种类

气井排液用起泡剂除具有一般起泡剂的特点，如较大地降低气液界面的表面张力，亲水亲油平衡值（HLB）在 9～15 范围外，还应具有以下性能。

（1）起泡能力强。只要加入微量起泡剂，就能在天然气流的搅动下，形成大量含水泡沫，使气、液两相空间分布发生显著变化，水柱变成泡沫，密度下降几十倍。因此，原来无力携水的气流，现可将低密度的含水泡沫带到地面，从而实现排水采气的目的。

（2）泡沫携液量大。起泡剂遇到水后，立即在每个气泡的气水界面定向排列。当气泡周围吸附的起泡剂分子达到一定浓度时，气泡壁就形成一层牢固的膜。泡沫的水膜越厚，单位体积泡沫含水量越高，表示泡沫的携水能力越强。

（3）泡沫稳定性强，所产生的泡沫性能稳定，寿命长。从井底到井口行程中，如果泡沫的稳定性差，有可能中途破裂而使水分落失，达不到将水携带到地面的目的。

（4）在含凝析油和高矿化度水中有较强的起泡能力。因此，起泡剂应该具有一定的抗油性能和抗高矿化度性能，以保证一定的起泡能力和泡沫携液量。

（5）用量少，货源充足，成本低。

在气井泡沫排液中采用的起泡剂有离子型（主要是阴离子型）、非离子型、两性表面活性剂和高分子聚合物表面活性剂等。

1. 阴离子表面活性剂

该类起泡剂的起泡能力强，价格适中且来源广，但缺点是抗电解质能力差，因为其分子结构中一般都含有 SO_4^{2-} 之类遇到 Ca^{2+}、Mg^{2+} 等多价阳离子而生成沉淀的阴离子结构，其起泡能力和稳定性都受到影响。如十二烷基苯磺酸钠（ABS）、直链十二烷基苯磺酸钠（LAS）、α-烯烃磺酸盐（AOS）、十二烷基磺酸钠（AS）、十二烷基硫酸钠（SDS）、脂肪醇醚硫酸钠（AES）、脂肪酸单乙醇酰胺硫酸酯盐等。

研究表明，烷基苯磺酸盐烷基碳数小于 5 时，不能形成胶束，烷基链长在 8 个碳数以上时，才具有表面活性。由于烷基苯磺酸盐是起泡性能较好的一类表面活性剂，随着表面活性剂疏水链长的增加，表面活性剂的耐油起泡性表现为先增强后减弱的趋势，当表面活性剂的疏水碳链碳数为 14 时，表现出相对好的耐油起泡性能；在碳数小于 14 的范围内，随着碳数的增加亲油性逐渐增强，但整个分子的亲水性大于亲油性，分子更易溶于水中，而向油水或气液界面扩散的趋势弱；当碳数为 14 时，整个分子的亲水亲油水平接近平衡，此时分子易于向气液界面扩散；当碳数大于 14 后，随着碳数的继续增加，亲水亲油平衡破坏，整个分子亲油性转强，向油水界面的趋势增强，在气液界面吸附的分子减少；当烷基链长在 18 个碳数以上时水溶性很差，也不易形成胶束溶液，整个分子基本溶于油相中。

当烷基苯磺酸钠浓度较低时，随着浓度的增加，溶液的表面张力减小，易于起泡，使泡沫高度增加；当烷基苯磺酸钠的浓度大于某一值后，溶液的表面张力趋于稳定，泡沫高度不再增加。另外，从热力学的观点看，泡沫是一个热力学不稳定体系，泡沫破裂伴随着整个泡沫的生成过程。在实验过程中，当浓度增大到一定值后，泡沫的生成速率与破裂速率达到平衡，泡沫高度不再增加，同样趋于稳定。烷基苯磺酸钠的泡沫半衰期随质量浓度增大先下降，然后趋于稳定值。当烷基苯磺酸钠浓度较低时，随浓度的增加，泡沫高度逐渐增加，重力排液加剧，液膜厚度变薄，强度下降，气体透过液膜扩散变得容易，泡沫破裂速率加快，稳定性下降，因此泡沫半衰期下降。当烷基苯磺酸钠浓度较高时，随浓度的增大，烷基苯磺酸钠分子在表面膜上排列的紧密度与结实性不再改变，导致液膜强度不再改变，泡沫半衰期趋于稳定值。

研究表明，直链 α-烯烃磺酸盐当碳数小于 14 时，初始的发泡量最大，泡沫稳定性差，随着碳数的增加，当碳数大于 17 后，亲油性加强，初始发泡能力减弱，构成泡沫的气体泡体积减小，泡沫稳定性增强，烯基或烷基碳数增加至一定值后，发泡剂由水溶性转变成油溶性，在水中几乎失去发泡能力。

研究表明，脂肪酸单乙醇酰胺硫酸酯盐随着碳链的增加，产品的临界胶束浓度（CMC）逐渐减小，这是由于表面活性剂分子或离子间的疏水相互作用随疏水基变大而增强的结果，产品的发泡高度随着碳链的增加先增加后略微减小，$H_{10}=96mm<H_{12}=236mm\approx H_{14}=223mm>H_{16}=202mm\approx H_{8\sim10}=212mm$，其中 H 为发泡高度。

2. 非离子表面活性剂

在水溶液中不离解为离子态，而是以分子或胶束态存在于溶液中，它的亲油基一般是烃链或聚氧丙烯链，亲水基大部分是聚氧乙烯链、羟基或醚键等。常用的品种有脂肪醇系聚氧乙烯聚氧丙烯醚、烷基酚系聚氧乙烯醚、油酸聚氧乙烯酯等。此类表面活性剂的优点是抗盐能力强，临界胶束浓度低，耐多价阳离子的性能好。其缺点亦很明显：吸附量过高，稳定性不好，使用范围常受浊点影响，耐高温性能不好，价格偏高，使用不经济。

3. 两性离子表面活性剂

在水溶液中离解出的表面活性离子是一个既带有阳离子又带有阴离子的两性离子，甜菜碱型两性表面活性剂是其中的代表，由于该种表面活性剂对金属离子有螯合作用，因而大多数可用于高矿化度、较高温度的气井排水，且能大大降低非离子型与阴离子型表面活性剂复配时的色谱分离效应。该类起泡剂毒性低、生物降解性好。

4. 高分子表面活性剂

高分子表面活性剂是指那些分子量较大（分子量高达几千、几万甚至几百万），而且具有一定表面活性的物质。例如，美国 Colgon 公司研制的丙烯酰胺和乙酰丙酮丙烯酰胺的共聚物就属于聚合物起泡剂，现场上将其用于含矿化水、凝析油的气井进行泡沫排水，收到了良好效果。国内对于该类起泡剂的相关报道较少。

市场上各类泡排剂产品，都是由两种或多种不同类型表面活性剂复配而成，通过复配，可以使表面活性剂之间产生协同增效作用，从而获得比任意一种单一表面活性剂更优良的表面活性，同时可大大增加表面活性剂的增溶能力，减少表面活性剂的用量。

二、评价方法

目前评价起泡剂性能参数的实验方法主要有搅拌法、气流法、倾注法（Ross-Miles法）等，选择合理的评价方法，是准确评价起泡剂性能的关键。

1. 搅拌法（Waring Blender 法）

该方法是用 Waring Blender 高速搅拌器测定泡沫性能的一种极为方便的评价方法。

测定时将 100mL 起泡剂溶液倒入带有刻度的透明量杯内，高速（大于 10000r/min）搅拌 60s，记录停止搅拌时泡沫体积 V_0（mL）和从泡沫中分离出 50mL 液体的时间 $t_{1/2}$（半泄水期）。用 V_0 表示起泡能力，$t_{1/2}$ 表示泡沫稳定性。

2. 气流法（API 法）

测定时，在带有刻度长 1.2m、直径 36mm 的泡沫管柱内注入 400mL 待测液体，在管柱的下端安装一块玻砂板，以一定量的气流通过玻砂板，使带刻度的管柱内试液产生泡沫并经气流带出，通过排泡引管收集在量筒内；测定在一定时间内泡沫携带出的液体体积（V_1），以及发泡能力（t_0）和泡沫的稳定性（t_1）等性能。

3. 倾注法（Ross-Miles 法）

倾注法也是生产和实验中常用的评价起泡性能的方法。测定时，将 200mL 试液从 900mm 高度流到刻度量筒底部盛有 50mL 相同试液的表面后，测量刚流完 200mL 试液时的泡沫高度 H_0（mm）和 5min 后的泡沫高度 H_5（mm），作为起泡剂的发泡能力和泡沫稳定性评价依据。也可用消泡速度 v（mm/min）表示：

$$v=（H_5-H_0）/5 \tag{3-2-1}$$

v 值越小，说明泡沫消失速度越慢，泡沫稳定性越好。因此，可用于评价起泡剂的起泡能力和稳定性。

第三节　加注装置及流程

目前，气田常用的泡沫排水起泡剂分为固体和液体两种，液体起泡剂主要采用车载注剂泵井口加注或站内管线加注，固体起泡剂主要采用人工井口投放。

一、车载注剂泵井口加注

该加注方式是将已经配制好的液体泡排剂溶液通过车载注剂泵从井口油套环空或油管注入，利用泡排车的动力带动注剂泵运行（图 3-3-1）。其特点是机动灵活，但施工费用较高，且受到人员、天气、车况、路况等因素的影响较大，无法实现药剂的定时定量加注。

图 3-3-1　车载注剂泵井口加注

二、站内管线加注

该加注方式通过集气站内注醇管线将液体泡排剂从井口油套环空或油管注入,加注流程如图 3-3-2 所示,仅适用于采用高压集气模式的气井,工艺局限性较大,目前只有靖边气田集气站内安装有注醇管线,且冬季单井需要注醇防冻,需交替使用。该工艺优点是可实现药剂加注的站内控制,缺点是受季节影响较大,且管线长时沿程损失大,易堵塞。

三、固体泡排棒井口投注

固体泡排棒人工井口加注是采用人工开关井口阀门的方式将泡排棒从油管投入井内,存在的主要问题是:上井频繁,操作人员劳动强度大,加注过程中需要放空泄压(图 3-3-3)。

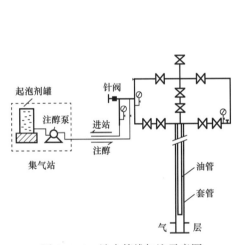

图 3-3-2 站内管线加注示意图   图 3-3-3 固体泡排棒井口投注

长庆气田地处沙漠、高原地带,外部环境恶劣,气井数量多且分布范围广,泡排剂采用泵车或人工井口加注,人员劳动强度大,施工成本高而效率低。

近年来,气田逐步引进智能化加注技术,有效提高气井管理水平、降低操作成本,实现了气井起泡剂的定时定量加注。

第四节 自动化泡排加注技术

自动化泡排剂加注技术,即依托气田数字化管理平台,建立气井泡沫排水自动控制系统,结合泡排剂加注工艺,实现起泡剂加注的自动控制。

一、系统组成

泡排剂自动加注系统主要由井口加注设备、自动控制系统及太阳能供电系统三部分组成(图 3-4-1)。

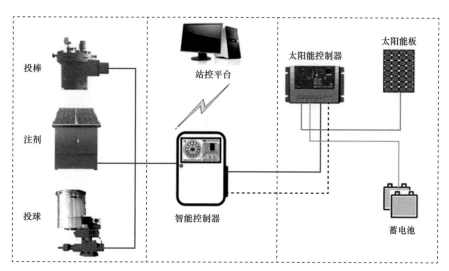

图 3-4-1　气井泡排剂自动加注系统

　　根据起泡剂形态的不同，井口自动加注设备包括液体起泡剂加注装置、固体泡排棒投放装置及固体泡排球投放装置，可根据控制系统指令完成注剂、投棒、投球等操作。

　　自动控制系统由井口自动控制器及站内控制软件组成，可利用井口 RTU 及数传电台进行数据采集传输、诊断气井积液状态并发送指令至井口加注设备，实现起泡剂加注的自动控制。

　　太阳能供电系统包括太阳能电池板、蓄电池、太阳能控制器等组件，为井口加注设备的运行提供电力供应。

二、自动加注设备

　　根据加注药剂的不同，选用不同的加注设备。

1. 液体起泡剂自动加注装置

　　智能注剂系统采用橇装设计，注剂泵、自动控制器、供电控制系统及储液罐集成在箱体中。

　　智能注剂装置工作原理：太阳能光伏面板将光能转换成电能储存在蓄电池内，逆变器将储存在蓄电池内的 48V 直流电转变成 380V 交流电，为注剂泵电动机提供动力，当控制系统发出指令时，动力部分继电器吸合，电动机驱动注剂泵将药剂箱内起泡剂溶液注入气井油套环空，从而实现液体泡排剂自动加注的目的。

2. 自动控制系统

　　自动加注控制系统主要包括时间控制和远程控制两种模式。

　　时间控制模式是通过时间控制器设定日期、时间来控制井口加注设备的开启与关闭，可以任意指定时间点开始注剂或投棒操作。

　　远程控制模式初期采用 GSM 网络信号，通过手机或远程控制终端发送信息控制井口加注设备的启停，如图 3-4-2 所示。

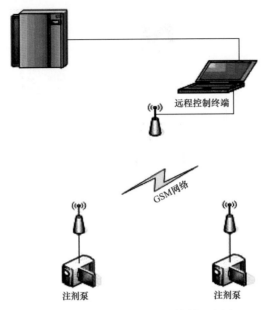

图 3-4-2　GSM 网络远程控制示意图

　　为了进一步提高控制系统智能化程度，结合气田数字化管理平台，对远程控制系统进行了升级改造，利用井口数据远传系统采集井口油套压、产气量数据并传输至集气站，编制泡排自动控制软件，实时分析气井积液情况，确定起泡剂加注制度，并发送指令至井口控制器，实现起泡剂自动加注（图 3-4-3）。

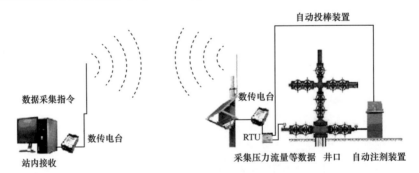

图 3-4-3　站控平台远程控制示意图

1）数据采集及传输系统

　　数据采集及传输技术由安装在井口各相应部位的井口数据采集系统实现井口压力、温度、流量数据的实时采集，采集到的信号传送到井场的数据采集电路处理，并通过无线电台远程传输到集气站。传输过程如图 3-4-4 所示。

（1）基本原理。

　　①井口油压、套压、温度数据均以 4～20mA 模拟信号传输至 RTU，RTU 将模拟信号转换为数字信号，经过 CRC16 数据校验后将数据以 RS485 通信方式传给数传电台并发送回集气站。

图 3-4-4　传输过程示意图

② 智能流量计的通信传输方式为 RS485，传输距离远且稳定可靠，数据传送至数传电台。

③ 数据接收：站控计算机经站内数传电台发送指令和接收反馈数据，当数据采集轮巡到某口井时，计算机将发送经过检验后的数据，RTU 和流量计收到指令后将按照地址识别数据，经过校验对比后给站控计算机返回正确数据。

（2）系统功能。

数据采集及传输系统具有以下功能：

① 对气井井口压力等异常状况发出报警信息；

② 具有数据断电保护功能，可长期保存设定参数及历史数据；

③ 实现远程气井井口截断阀的关闭、开启控制；

④ 设备中的数据采集和通信模块具备远程参数设置和维护功能；

⑤ 控制中心可以主动问询每口气井的油压、套压、井口温度、流量等数据；

⑥ 自动记录气井工作过程、开井和关井时间，保存历史信息；

⑦ 具有静态数据浏览和编辑等功能，包括气井井况等数据，并能添加新井、删除关停井、修改作业井数据；

⑧ 具有油压、套压、井口温度、流量等参数的实时趋势、历史趋势记录功能，监控气井的参数变化情况；

⑨ 具有生成曲线报表功能，可以生成油压、套压、井口温度、流量曲线和各种报表；

⑩ 远程视频监控井场状况；

⑪ 监测管压，自动实现截断阀对超欠压情况实施即时保护；

⑫ 井场供电系统状态监测；

⑬ 数据自动上传功能。

（3）系统构架。

针对井口各类设备传输协议不同，信号传输中通信方式不同，对各设备进行数模转换，使采集信号全部为 RS485 信号。传输过程中将数据采集控制部分构建 RS485 架构，并对采集的各 485 信号进行光电隔离，每个信号传输过程中形成独立的通道，避免采集的信号相互干扰。

2）井口自动控制器

为了通过数据远传系统实现对井口泡排剂（泡排棒）加注设备的远程控制，研发了泡沫排水井口自动控制器，内置 RS485 数据接口，可通过井口 RTU 及数传电台进行远程通信，如图 3-4-5 所示。

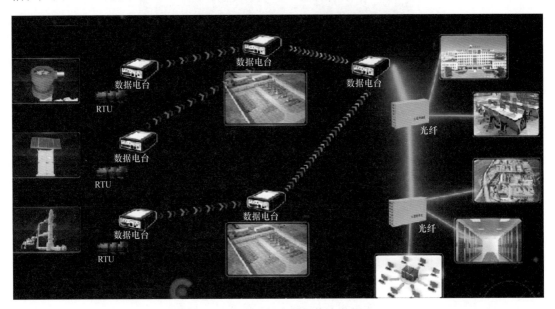

图 3-4-5　井口设备数据传输示意图

自动控制器采用 ARM11 嵌入式单板机，运行 WINCE6 系统，可通过图形化操作界面监控系统状态、设置运行参数。控制器集成手动及自动两种控制模式，自动模式下可通过时间设定或接收远程指令控制加注设备启停，手动模式下进行设备调试及加药操作。

（1）状态监控。

控制器状态监控功能显示当前系统压力、温度，注剂装置运行方式、泡排剂用量以及当前继电器工作状态等参数。

（2）手动运行。

手动运行功能可控制自动加注设备进行手动操作，点击界面上"投棒"按钮，继电器会根据系统参数设置的继电器吸合时间及间隔时间连续吸合两次，完成一次投棒操作，剩余泡排棒数量自动调整。点击"点动调整"按钮继电器会自动吸合 1 次，用于临时调整储棒筒位置。

（3）参数设置。

参数设置模块集成了时间控制器功能，通过设定日期、时间控制井口加注设备的开启与关闭。

3）泡沫排水自动控制软件

站内电台接收井口发送的数据信号由主控机进行处理，配套研发的泡沫排水自动控制软件对所采集的数据进行分析诊断，自动完成气井泡排剂加注方案设计并发送指令至井口加注设备，实现泡排剂加注的自动控制。

　　泡排自动控制软件与站控软件通过系统组态合并为统一的智能化管理系统，通过数据远传系统与井口自动控制器进行实时通信，实现了井口设备监控与参数设置的站内远程控制功能，如图3-4-6所示。

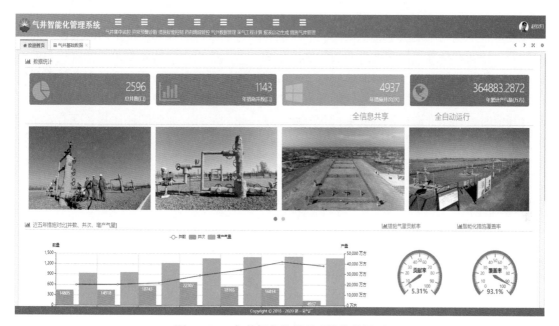

图3-4-6　气井智能化管理系统软件界面

第四章　柱塞气举排水采气技术

柱塞气举是利用地层本身积聚的天然气能量，将油管内的柱塞及其上面的液段一同向上举升，柱塞在举升气体和被举升液体之间形成一种固体界面，从而改善了常规气举的不稳定性，使气体的窜流滑脱和液体回落大大减少；液段被举出井口后，柱塞下方的天然气得以释放，井口关闭后柱塞回落到油管底部坐落器上方的缓冲弹簧上。当压力恢复到气举阀打开值时，气体推动柱塞再次上行，开始了新一轮的举升。如此循环往复，既有效举升出井下液体，同时又使井筒内的结蜡、盐及垢物等得到及时清除。

柱塞气举技术具有安装维护方便、排液效率高、智能化水平高、适用范围广、经济效益显著等特点，被北美各大石油天然气公司作为低产气井排水采气的主要手段而广泛应用，现已成为全球低产致密气田排水采气重要技术之一。

第一节　柱塞气举排水采气基本原理

一、工艺原理

柱塞气举排水采气技术是在油管内投放柱塞作为气液机械封隔界面，充分利用气井自身能量推动柱塞将液体带出井筒，实现周期性举液，有效防止气体上窜和液体滑脱，提高举升效率。

二、工艺过程及特点

柱塞气举是一个周期循环的过程，如图 4-1-1 所示，一个运行周期可分为三个阶段。上升阶段：柱塞开始向上运动到液体段塞完全进入生产管线的这段时间（①②）。气井续流阶段：液体段塞完全进入生产管线后，气井继续开井生产的阶段（③）。柱塞下降和压力恢复阶段：在气井续流之后将气井关闭和柱塞从井口下降到井底，直到柱塞的下一个周期打开气井为止（④⑤）。图 4-1-2 说明了柱塞气举各个运行阶段的油压、套压变化情况[13]。

图 4-1-1 和图 4-1-2 中的①～⑤含义如下：

①地面控制器控制气动薄膜阀打开，生产管线畅通，套管气和进入井筒内的地层气向油管膨胀，到达柱塞下面，推动柱塞及上部液体离开卡定器开始上升，直到柱塞到达井口。开井后，气体从井口产出，油压迅速降低，柱塞逐渐加速上升；同时套管气体进入油管举升柱塞，套压下降。

② 环空套压迫使柱塞及柱塞以上的液体继续上行，液体到达井口后，由于控制阀节流，油压又开始增加；当柱塞到达井口后，油压会继续增加，套压降到最小值。

③ 柱塞停在井口防喷管捕捉器内，气体流速开始降低，液体在井底不断聚积，套压升高，井口油压下降。

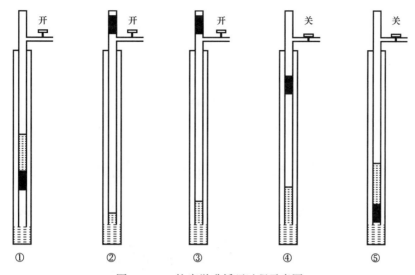

图 4-1-1 柱塞举升循环过程示意图

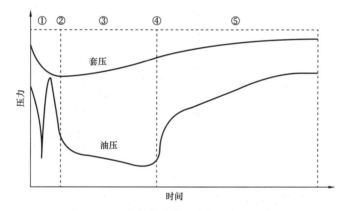

图 4-1-2 柱塞举升井口油套压变化示意图

④ 地面控制器控制气动薄膜阀关闭，柱塞依靠自重从井口下落。

⑤ 柱塞下落到达井下卡定器位置处，撞击卡定器的缓冲弹簧，液面通过柱塞与油管的间隙上升至柱塞以上聚积。地层气体和液体进入井筒，井口油压、套压不断升高，套压恢复上升到预定值进入下一周期。

柱塞气举排水采气工艺具有以下特点：

（1）排水效率高，将柱塞作为气液界面，有效防止气体上窜和液体滑脱。

（2）自动化程度高，减轻员工操作强度，便于数字化管理。

（3）利用气井自身能量工作，不需要外接电、气源。

（4）具有安全环保、节能的特点。

三、适用条件

柱塞气举排水采气工艺适用于地层压力降低、产能降低等原因造成井底积液或间歇生产的气井，结合长庆气田生产情况，通过适用性分析，总结出柱塞气举排水采气适用条件：

（1）气井具有一定产能。

（2）气水比不小于 $2000m^3/m^3$。

（3）产水量不大于 $20m^3/d$。

（4）井筒内无腐蚀穿孔，油管内壁光滑畅通。

（5）长期关井后套压不小于 3.5MPa。

第二节　柱塞气举排水采气配套装置

柱塞气举装置由井下装置和地面装置组成，图 4-2-1 是典型的柱塞气举装置。

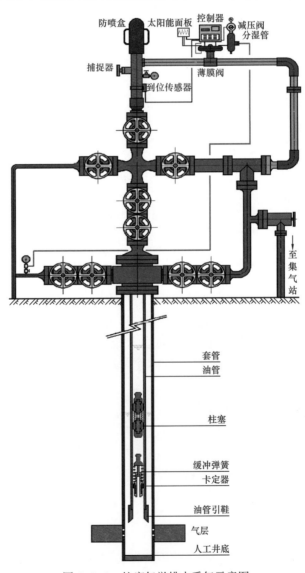

图 4-2-1　柱塞气举排水采气示意图

一、井下装置

柱塞气举设备的井下装置包括柱塞、卡定器、井下缓冲器。

1.柱塞

柱塞是整个系统中活动最频繁的部件，对材质要求较高。柱塞工作特性包括三个方面：一是要求柱塞在井筒内上下运行时通畅；二是柱塞在上行过程中与油管之间有良好的密封性；三是柱塞有良好的耐磨性、抗冲击性能。

柱塞类型非常多，具体类型可达数十种之多，但常用的总体上可分为衬垫式柱塞、柱状式柱塞和刷式柱塞三大类。柱塞主要技术参数及实物图见表4-2-1和图4-2-2。在现场应用中，针对不同产气量气井和气井油管状况、气井出砂等情况进行细化选择应用。

表 4-2-1　常用柱塞主要技术参数

柱塞类型	参数	适用油管尺寸			适用条件
		$2\frac{3}{8}$in	$2\frac{7}{8}$in	$3\frac{1}{2}$in	
衬垫式柱塞	总长/mm	254	482	482	适用于气液比大于1000m³/m³的低气液比井，能够有效形成密封，防止积液滑脱；不适合出砂气井
	伸展外径/mm	51.3	61.5	68.5	
	收缩外径/mm	47.6	55.5	65.2	
柱状式柱塞	总长/mm	254	482	482	适用于气液比大于2000m³/m³的高气液比井，有助于清除井筒中的锈垢、盐或石蜡
	最大外径/mm	48.5	59.5	71.1	
刷式柱塞	总长/mm	254	480	—	适用于出砂气井，也可用于油管不规则和损伤井
	最大外径/mm	48.5	59.5	—	

  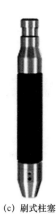

(a) 衬垫式柱塞　　　　(b) 柱状式柱塞　　　　(c) 刷式柱塞

图 4-2-2　各类柱塞实物图

1）衬垫式柱塞

衬垫式柱塞也称为弹簧片柱塞，在其本体中部装有几组可自由伸缩的衬垫。该类柱塞在井筒内运行时，独特的衬垫设计可使该柱塞在一定范围内自动伸缩（自动变径），保持紧贴井壁，产生持续、紧密的密封效果。该类柱塞是所有柱塞种类中效率最高的一种，通常在低压低产小水量气井表现出较好的应用效果。但由于该类柱塞活动组件多，容易被井筒中的压裂砂、地层砂等杂质阻塞，失去自动伸缩功能，从而卡在井筒中。因此，该类柱塞在应用中要求井筒清洁无杂质。

2）柱状式柱塞

柱状式柱塞是一种简单、安全、有效的柱塞类型，通常由整块钢材一体化加工制造。在柱状式柱塞本体中部表面开有数个一定深度和宽度的紊流槽，当气液通过时，可形成气液混相密封。

该类柱塞适用于气液比较高气井或高气液比油井使用，对于井筒内壁产生的蜡、盐、垢具有清洁作用，具有廉价、耐磨、无维护成本、允许井筒内存在微量砂等优点。

3）刷式柱塞

刷式柱塞中部有一个螺旋加工、柔性尼龙刷子部件，当该柱塞在井筒内运行时尼龙刷可容纳部分外来杂质。刷式柱塞可以高效清洁井筒中产生的砂、盐和炭粉颗粒物。尼龙刷部件外径较柱塞本体稍大，可与油管形成良好密封，提高系统举升效率。当尼龙刷部分发生磨损时，更换尼龙刷部分即可。刷式柱塞适用于低压气井，油管不规则井，出砂、出盐结垢井以及需要高效密封的气井。

2. 卡定器及缓冲器

卡定器主要用于限制和定位柱塞在井筒内运行的最大深度。通常卡定器的下入位置越接近气层中深越好，这样可以保证柱塞气举工艺运行时，井筒内液位保持最低位。目前国内外常用的卡定器有卡瓦式、接箍式和预制式。个别厂家也将卡定器与缓冲器合为一体，一趟下入井筒。

缓冲器安装在卡定器上方，主要作用是缓冲柱塞下落到井底时的冲击力。缓冲器下端有能抓住卡定器的套爪，如图 4-2-3 所示。一些缓冲器采用外表胶筒密封 + 内部单流阀的设计，具备积液保持功能。

图 4-2-3 缓冲器

二、地面设备

柱塞气举地面设备包括防喷总成、捕捉器、柱塞控制器、柱塞到达传感器、气动薄膜阀、太阳能面板、调压总成等，如图 4-2-4 所示。

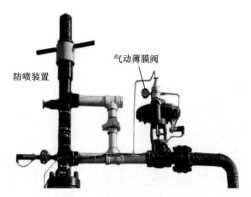

图 4-2-4 柱塞气举地面设备示意图

1. 防喷总成

防喷总成主要由防喷管、压帽、缓冲弹簧和撞击块组成，如图 4-2-5 所示。防喷总成安装在测试闸阀之上。防喷管内缓冲弹簧及撞击块的作用是缓冲柱塞到达井口时所产生的冲击力。

防喷管本体除缓冲、防喷功能外，还可为检查柱塞时提供容纳的空间，方便柱塞取出检查。

2. 柱塞捕捉器

柱塞捕捉器采用弹簧伸缩机构设计，在柱塞运行时保持打开状态，当需要取出柱塞检查时，将该捕捉器关闭，即可在柱塞到达井口后捕捉住并取出柱塞，节省了额外的钢丝作业打捞费用。也有一些低产的气井在续流时不足以支持柱塞停留在井口，可使用一种自动捕捉器，在每次柱塞到达井口后捕捉住柱塞，关井后释放柱塞落回井底，辅助柱塞气举系统运行。

3. 柱塞控制器

柱塞控制器的主要功能是控制开关井的时机，是整个柱塞气举控制系统的决策机构，可依据时间、柱塞运行速度、套

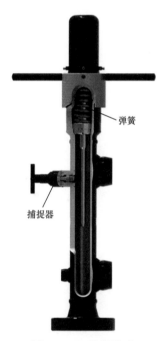

图 4-2-5 防喷总成

压、差压、流量等参数变化规律来判断合理开关井时机[14]。控制器的执行机构通常是一个微型电磁阀，通过是否供给气动薄膜阀气源来实现气井开关井的操作，如图 4-2-6 所示。

常见的控制模式有定时开关井模式、时间自动优化模式和套压自动优化模式。

（1）定时开关井模式：定时开关井模式是通过时间计时器，人为设定固定的开关井时间来执行定时开关井制度。

（2）时间自动优化模式：如图 4-2-7 所示，通过检测柱塞到达井口的时间，然后与该井计算的最佳到达时间对比，系统自动判断需要延长开井时间或关井时间，如果未检测

到柱塞到达井口，还将设置额外时间关井。只需初期设置好参数，后面控制盒将在一段时间后将井调试到最优化状态，并且会根据井况变化自动做出制度调整。该模式中，柱塞到达传感器必须拥有较高的可靠性。

图 4-2-6　柱塞控制器

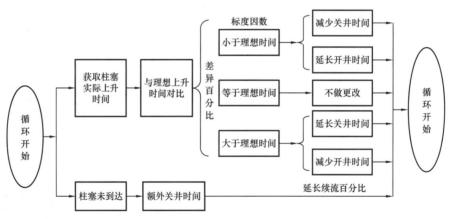

图 4-2-7　时间自动优化逻辑图

（3）套压自动优化模式：如图 4-2-8 所示，气井开井生产后，套压会一直下降，当井底逐步产生积液时，套压会有逐步升高的趋势。该模式就是以这种气井开井后套压与井筒积液的变化规律为依据，在开井过程中实时监测套压变化情况，自动寻找最佳的关井时机。具体过程为：气井开井生产后，持续监测套压变化，找到套压最小值，然后当套压升高到设定值时，自动执行关井操作。开井过程是通过监测套压升高到设定值时，执行开井操作。

该模式适用于油套管连通性较好，且关井后压力恢复速度大于 0.5MPa/h 的气井，对于输压变化具有较强自动调整、适应能力，可大幅降低人工调参工作量。

4. 柱塞到达传感器

柱塞到达传感器的作用是感应柱塞到达井口并将电脉冲信号传达给控制器，用以辅助

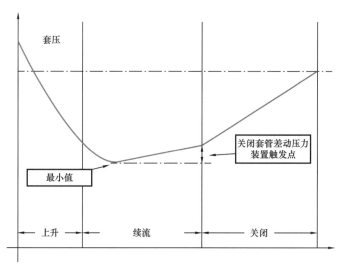

图 4-2-8　套压自动优化模式图

判断。常见的柱塞到达传感器采用监测磁通量变化来实现感应柱塞是否到达井口，结合控制器的时间计时器和气井深度，即可得到柱塞到达时间和，从而计算出柱塞在井筒内的运行速度，为柱塞运行参数优化提供重要依据。

5. 气动薄膜阀

气动薄膜阀是整套柱塞气举系统开关井操作的执行者，通常使用气开阀，气源压力为 0.2~0.4MPa。主要操作过程：控制器通过是否向气动薄膜阀供气，从而实现气动薄膜阀的开启和关闭状态控制，以便控制柱塞的上下运行，如图 4-2-9 所示。

三、柱塞气举动力学数学模型

图 4-2-9　气动薄膜阀

为预测柱塞气举的周期特性及系统动态，建立柱塞气举的模型方程，可获得柱塞在举升过程中的位置、速度、井口油压、井口套压、产气量、产液量、举升周期等参数的变化规律及各参数间的变化关系，以便确定在特定条件下柱塞的举升效果，优化柱塞运行参数[15]。应用质量守恒定律和动量守恒定律，依据举升过程中的动力学分析，建立柱塞气举周期三个阶段——上行阶段、续流下降和压力恢复阶段相应的数学模型，如图 4-2-10 所示。

柱塞在每一周期内的运动很复杂，为非稳态过程。为便于分析，又不影响对举升过程的正确认识，有必要做一些合理的假设。

（1）井筒中各点流动温度不随时间变化，且呈线性分布；

（2）液体不可压缩；

（3）不考虑气窜造成的影响；

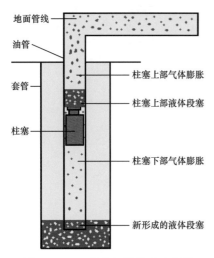

图 4-2-10　柱塞气举模型示意图

地面管线

油管

套管

柱塞

柱塞上部气体膨胀

柱塞上部液体段塞

柱塞下部气体膨胀

新形成的液体段塞

（4）地层产液积聚在油管底部，地层产气进入油套环空；

（5）油管和油套环空中的瞬间气体质量流量分布相同；

（6）流体流动为拟稳态流动；

（7）柱塞下落是自身平衡的，对油套压恢复不产生影响。

1. 柱塞上行阶段

1）柱塞和液体段塞上升动态

柱塞和液体段塞向上运行过程中，动力主要是柱塞下部的气体压力，阻力是液体段塞上部的气体压力、液体段塞和柱塞的重力以及气液的运动摩阻，利用牛顿第二定律可以建立动态方程式［式（4-2-1）］：

$$\sum F = 10^{-6}(p_1 - p_2)A_p - (m_l + m_p)g - F_f = (m_l + m_p)a \qquad (4-2-1)$$

式中　$\sum F$——柱塞受到的合力，N；

p_1——柱塞下端面的压力，MPa；

p_2——液体段塞的表面压力，MPa；

A_p——柱塞的横截面积，m^2；

F_f——柱塞和液体段塞受到的摩擦阻力，N；

m_l——液体段塞的质量，kg；

m_p——柱塞的质量，kg；

g——重力加速度，m/s^2；

a——柱塞和液体段塞的加速度，m/s^2。

2）液体段塞上部的气体膨胀

将井口气嘴和集气站气嘴分别作为分割点，将液体段塞上部气体分成两段（油管内液柱段塞上部至井口气嘴，井口气嘴到集气站气嘴的地面管线内）。由井口气嘴流向地面管线的流量和质量以及集气站气嘴流向分离器的流量和质量都可用式（4-2-2）进行计算：

$$q_{sc} = \frac{4066 p_t d^2}{\sqrt{\gamma_g T Z}} \sqrt{\left(\frac{k}{k-1}\right)\left[\left(\frac{p_s}{p_t}\right)^{\frac{2}{k}} - \left(\frac{p_s}{p_t}\right)^{\frac{k+1}{k}}\right]} \qquad (4-2-2)$$

$$m_{gout} = \frac{1}{86400} q_{sc} \rho_g dt \qquad (4-2-3)$$

式中　q_{sc}——通过井口节流阀的标准气体体积流量，m^3/s；

p_t——井口油压，MPa；

p_s——井口节流阀出口端面压力，MPa；

d——节流阀孔眼直径，m；

γ_g——天然气的相对密度；

T——节流阀入口端面温度，K；

Z——节流阀入口状态下的气体偏差系数；

k——天然气绝热指数；

m_{gout}——通过井口节流阀的气体质量流量，kg/s；

ρ_g——液体段塞上部气体密度，kg/m³；

dt——时间单元长度，s。

液体段塞的表面压力由式（4-2-4）计算：

$$p_{lp} = p_t \exp\left(\frac{0.03418\gamma_g h_{lg}}{T_{lg}Z_{lg}}\right) + p_{lgf} \qquad (4\text{-}2\text{-}4)$$

式中 p_{lp}——液体段塞的表面压力，MPa；

T_{lg}——液体段塞上气体的平均温度，K；

Z_{lg}——液体段塞上气体的平均偏差系数；

p_{lgf}——液体段塞上气体产生的摩阻，MPa；

h_{lg}——液体段塞上部气柱高度，m。

3）柱塞下部的气体膨胀

在柱塞向上运动阶段，举升柱塞和液体段塞的能量主要来源于原先储存在油套环空中的气体膨胀和地层产气。柱塞向上运动的同时，地层也在产出液体，因此柱塞下端面的压力主要取决于柱塞下面气体的膨胀，考虑地层产气，油管中柱塞下面和油套环空中的气体连续性方程为：

$$\frac{dm_{cg}}{dt} + \frac{dm_{tpg}}{dt} = m_{lg} \qquad (4\text{-}2\text{-}5)$$

式中 m_{lg}——地层产气量，kg/s；

m_{cg}——油套环空气体质量，kg；

m_{tpg}——油管中柱塞下气体质量，kg。

柱塞下液体段塞表面压力为：

$$p_{tpl} = p_{wf} - \rho_l g\left(h_{tpl} + h_y\right) \qquad (4\text{-}2\text{-}6)$$

式中 p_{tpl}——油管中柱塞下液体段塞表面压力，MPa；

p_{wf}——井底压力，MPa；

ρ_l——柱塞中液体的密度，kg/m³；

h_{tpl}——油管柱塞下液体段塞的长度，m；

h_y——地层中部与油管底部的距离，m。

利用式（4-2-7）可由柱塞下液面压力计算柱塞下端面压力：

$$p_{pb} = \frac{p_{tpl}}{\exp\left(\dfrac{0.03418\gamma_g h_{tpg}}{T_{tpg} Z_{tpg}}\right)} - p_{tgf} \tag{4-2-7}$$

式中　p_{pb}——柱塞下端面压力，MPa；

　　　h_{tpg}——油管柱塞下气柱的长度，m；

　　　T_{tpg}——油管柱塞下气体的温度，K；

　　　Z_{tpg}——油管柱塞下气体的偏差系数；

　　　p_{tpf}——油管柱塞下气体产生的摩阻，MPa。

2. 续流阶段

气井续流阶段是指柱塞上的液体段塞全部进入地面管线，柱塞被井口捕捉装置捕获后，井口阀门保持打开状态这个阶段。在该阶段气井开始正常生产，直到由于井底积液井底流压升高需要关井为止。

该阶段油套环空和油管的气体由质量守恒可以写成：

$$\frac{dm_{cg}}{dt} + \frac{dm_{tpg}}{dt} + m_{lg} = m_{gout} \tag{4-2-8}$$

油管液体段塞表面压力由式（4-2-9）计算：

$$p_{tl} = p_{wf} - \rho_l g\left(h_y + h_{tl}\right) \tag{4-2-9}$$

式中　p_{tl}——油管液体段塞表面压力，MPa；

　　　h_{tl}——油管液体段塞的长度，m。

油管中的气体压力为：

$$p_{tp} = \frac{p_{tl}}{\exp\left(\dfrac{0.03418\gamma_g h_{tg}}{T_{tg} Z_{tg}}\right)} - p_{gf} \tag{4-2-10}$$

式中　p_{tp}——油管中的气体压力，MPa；

　　　h_{tg}——油管中气柱的长度，m；

　　　T_{tg}——油管中气体的温度，K；

　　　Z_{tg}——油管中气体的偏差系数；

　　　p_{gf}——油管中气体产生的摩阻，MPa。

3. 关井压力恢复阶段

由于井底积液，井底流压增加；当井底流压增加到某个值时，井口阀门关闭，压力恢复阶段开始。在该阶段，若地层的供气能力较低，柱塞下降到坐落器的缓冲弹簧上后要停留一段时间。

1）柱塞下行动态模型

柱塞向下运动阶段包括两部分：一是在气体中的下落；二是在液体中的下落。根据牛顿第二定律，柱塞在气体中下落的动态方程为：

$$\sum F = mg - F_{pg} - F_{fpg} = m_p a_g \qquad (4-2-11)$$

$$F_{pg} = \rho_g g V_p \qquad (4-2-12)$$

$$F_{fpg} = k_g \rho_g v^2 \qquad (4-2-13)$$

式中　m_p——柱塞的质量，kg；

　　　F_{pg}——柱塞在气体中所受的浮力，N；

　　　F_{fpg}——柱塞在气体中运动所受的摩擦力，N；

　　　a_g——柱塞在气体中下落的加速度，m/s^2；

　　　ρ_g——气体的平均密度，kg/m^3；

　　　V_p——柱塞的体积，m^3；

　　　v——柱塞速度，m/s；

　　　k_g——气体阻力系数。

柱塞在液体中下落的动态方程为：

$$\sum F = mg - F_{pl} - F_{fpl} = m_p a_l \qquad (4-2-14)$$

$$F_{pl} = \rho_l g V_p \qquad (4-2-15)$$

$$F_{fpl} = k_l \rho_l v^2 \qquad (4-2-16)$$

式中　F_{pl}——柱塞在液体中所受的浮力，N；

　　　F_{fpl}——柱塞在液体中运动所受的摩擦力，N；

　　　a_l——柱塞在液体中下落的加速度，m/s^2；

　　　k_l——液体阻力系数。

2）压力恢复阶段动态模型

气井关井后进入压力恢复阶段，随着气层产出，气体和液体不断进入井筒，压力不断回升。该阶段压力恢复特性类似于上行阶段柱塞下部气体特性的反过程，可以利用同样的计算方法计算井口油压、套压随时间的变化关系。在建立柱塞气举模型中，不仅考虑了气体从地层流入井筒再由井筒向外产出的影响，而且考虑了井筒积液高度对气井产量的作用；更为重要的是，利用控制体分割和时间单元方法较为准确地计算柱塞上、下气体压力变化规律，这样就能保证模型具有较高的可靠性。

第三节　柱塞工艺设计

一、选井条件

1. 气液比

1）气液比经验分析法

结合柱塞气举技术实际应用状况，总结形成了柱塞气举技术适用的气液比经验判断规律，判识依据为：要求单位井深气液比不小于240m^3/（m^3·1000m），表示1000m井深，每举升1m^3气井积液所需要的气井产气量不低于240m^3/d。

该判识标准适用于具有油套环空且油套相连通的气井，适用于油套有封隔器不连通或无油套环空的气井，柱塞气举时无能量补充，要求气井气液比更高。

2）安装封隔器气井

气井存在封隔器且未解封时，应用柱塞气举技术，气井油套环空中无法储存气体能量，柱塞举液运行时，举升能量只能由开井时气藏产出气体能量提供，这样对气井产量要求更高。通过大量现场应用气井总结和有关文献查阅，对于安装封隔器气井柱塞气举气液比判识依据为：要求单位井深气液比较油套环空气井柱塞气举提高50%，即最小气液比不小于500m^3/（m^3·1000m）。

2. 压力要求

柱塞气举压力要求是对气井套压和集输压力分析，判断是否满足柱塞举液条件。套压反映了柱塞气举时为举液提供动力，套压越高则举升力量越充足，集输压力是对柱塞举升时作用的回压，是柱塞举液运行的阻力，输压越高对柱塞举液越不利[16]。

若要满足柱塞举液要求，则套压高于地面输压和运行中的阻力，套压为气井关井恢复压力；如果气井因积液严重套压无法恢复时，则考虑排除积液后的套管恢复压力，输压为地面管线输气压力，井口或站内有节流阀时，则为节流后压力。满足柱塞气举技术套管恢复压力与输气压力要求的经验判断方法为：关井套压恢复值宜不小于1.5倍井口节流后压力。

3. 井深

气井深度对柱塞气举应用是一个不利的影响因素，随着气井深度增加，柱塞举升积液需要的气液比会成倍增加，在气井能量充足的条件下，柱塞举液能够克服井深影响，因此理论上分析，柱塞气举应用最大井深没有明确的限定。

随着气井生产进行，气井能量降低，柱塞举液需要克服气井深度困难以满足举液条件，这将引起柱塞举液气液比条件升高，不利于柱塞气举技术应用极限，目前国内外应用柱塞气举技术气井深度普遍小于4000m，考虑技术应用拓展性，限定柱塞气举技术应用井深宜小于5000m。

4. 产液量

柱塞气举技术应用时气液比条件是首先考虑的因素，在满足气液比条件下，还需要考虑气井产液量的影响，因为柱塞气举运行是一个间歇开关井的过程，需要关井让柱塞落入井底，同时让气井能量恢复到满足举升井筒积液条件，液体主要是在开井后由柱塞举升到达井口，同时在气井续流阶段会有少量液体产出[17]。因此，基于以上原因，柱塞气举运行气井产液量会有一个极限值，最大排液量与气井油管尺寸和气井深度有关，图 4-3-1 用来确定柱塞气举运行的最大举液量，为井深和油管尺寸条件下最大可能产液量。

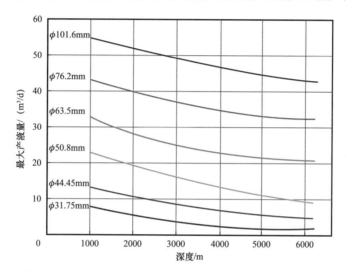

图 4-3-1　不同油管规格下柱塞气举最大产液量与深度曲线

应用时，在 X 轴输入气井深度，然后垂直向上到给定的油管尺寸；最后，水平向左，与 Y 轴相交为柱塞气举允许的最大产液量。

对于常用的 $2\frac{7}{8}$in 生产油管，采用柱塞气举技术气井最大产液量宜小于 $30m^3/d$。

5. 井下管柱及井口

柱塞举液过程中，要求柱塞在井筒中能够正常上下往复运动，这对气井生产管柱、井斜和井口通径提出了要求。

1）井下管柱

（1）对于光油管完井气井，有以下要求：

① 气井生产油管中部无缩径，满足不同类型柱塞上下顺利通行。

② 气井生产油管中部存在缩径时，要求缩径尺寸变化范围不能过大，可选择应用刷式柱塞，运行中油管缩径个数越少越好。

③ 要求柱塞运行段油管上无穿孔，油管穿孔将产生柱塞举液能量漏失情况。

（2）对于油管上装有井下工具完井气井，有以下要求：

① 气井油管井下工具常包含有安全接头、水力锚、封隔器等，当井下工具存在缩径时，会影响柱塞气举坐落器投放和柱塞运行，一般情况下坐落器投放在井下工具上部，要

求井下工具安装位置接近油管鞋位置，能够实现柱塞排除井筒主要积液，剩余积液不会影响气井正常生产，因此，对于井下工具位置距离油管鞋位置较大时，不适合应用柱塞气举技术。

② 当井下工具与油管保持相同通径时，则与光油管柱塞工具相同，对柱塞运行无影响。

③ 同样要求柱塞运行段油管上无穿孔。

（3）对于上下两种不同尺寸规格油管，有以下要求：

① 上部为大尺寸管径油管、下部为小尺寸管径油管的组合生产管柱气井，可选择两级组合的柱塞气举技术。

② 上部为小尺寸管径油管、下部为大尺寸管径油管的组合生产管柱气井，则不适合柱塞气举技术。

2）井斜

柱塞气举在斜井或水平井应用时，需要考虑两个方面影响：一是能够满足柱塞气举井下坐落器顺利安装投放；二是需要满足柱塞在斜井段正常下落和上行。

气田常用的坐落器为卡定式和卡瓦式两种结构，卡定式坐落在油管接箍位置，在井斜 30° 以内能够稳定坐放，卡瓦式在 60° 以内井斜满足坐放条件。在高于 60° 井斜进行投放作业时，采用下剪切丢手方式，由于井斜过大，存在丢手困难的问题。

在气井柱塞气举技术应用中，针对大井斜气井应用柱塞气举技术投放作业的丢手困难问题，通过技术进步，出现了上提式剪切丢手工艺，满足大于 60° 井斜时，柱塞气举坐落器投放。

二、资料准备

全面翔实的气井资料及生产数据能够帮助对气井全面准确认识，指导柱塞气举技术应用，资料数据包括基础数据、井身结构、井下工具、采气井口、生产资料和流体性质等。

1. 基础数据

基础数据包括气井地理位置、投产日期、完井方式、原始地层压力、当前地层压力、井底温度、井口温度、人工井底、最大井斜、历次井下作业等情况。

气井地理位置用于确定气井基础信息。

气井投产日期、完井方式、原始地层压力、当前地层压力、井底温度、井口温度、人工井底深度等信息用于分析气井储层能量状况，指导柱塞气举能量供给确定和柱塞气举运行优化制度制订。

历次井下作业用于确认井下工具变化及井筒生产管柱性能，防止安装工具及落物影响坐落器安装及柱塞运行。

2. 井身结构数据

井身结构数据包括井身结构图，套管层序、油管尺寸、油管挂尺寸、油管鞋深度和井斜等数据。

套管层序不同决定柱塞气举有无油套环空能量补充,对柱塞气举举升能量、选井气液比、密封柱塞类型选取进行指导。

油管尺寸、油管挂尺寸、油管鞋深度和井斜数据,用于指导柱塞尺寸、坐落器坐放井斜。

3. 井下工具数据

井下工具数据包括工具名称、型号、规格、下入深度、封隔器安装深度和油套管连通情况。

井下工具内径与油管相比有缩径(内径变小),会影响井下坐落器和柱塞通过性,一般情况下坐落器投放于最上级变径工具之上,当变径工具安装深度较浅时,将会限制柱塞气举技术应用;封隔器安装深度和油套管连通情况决定柱塞气举技术运行时,是否具备油套环空给举升过程提供能量,当封隔器解封时(充分解封),柱塞气举运行按照油套环空连通状态分析,当封隔器未解封或解封不充分时,运行与采用套管生产管柱相同,为无(弱)环空能量补充,这可以指导柱塞气举选井时气液比考虑。

4. 采气(油)井口数据

采气(油)井口数据包括采气(油)树型号(承压等级和通径)、井口阀门类型、阀门法兰及钢圈规格、井口连接管线的尺寸。

用于指导柱塞气举防喷管规格尺寸、柱塞防喷管与采气树连接方式、柱塞气举生产流程恢复管线设计。

5. 生产资料

生产资料包括油压、套压、井口节流后压力、日产气量、日产液量、采油(气)曲线、油套管液面情况、井底压力、出砂情况、结蜡(垢)情况等。

气井生产油压、套压、井口节流后压力、日产气量、日产液量、采油(气)曲线、油套管液面情况、井底压力等资料用于判断气井对柱塞气举工艺适用性,指导柱塞类型选择和前期柱塞气举井管理。

气井出砂、结蜡(垢)情况用于指导特殊工况条件下柱塞气举技术适用性,在适用条件下,后期应用时需考虑有关工艺对策设计。

6. 流体性质

流体性质至少应包含气体中 H_2S 和 CO_2 含量、产出水矿化度、凝析油含量(气井)、液体黏度等。

气体中 H_2S 和 CO_2 含量、产出水矿化度等参数决定气井腐蚀情况,用于指导柱塞气举装置材质选择,针对特殊腐蚀环境,应选择满足腐蚀情况的材料装置及工具。

气井凝析油含量会增加柱塞气举液量,设计柱塞气举需求气液比时需要进行考虑。

液体黏度用于柱塞气举设计中有关压力分析计算。

三、工艺参数设计

1. 设计方法

柱塞气举设计是以井底为节点，油（气）层流入曲线按照油（气）井产能计算方法计算，井筒流出曲线推荐福斯—格尔（Foss-Gaul）经验计算法计算，通过节点分析获得柱塞的运行参数，如最小井口套压、最大井口套压、柱塞循环次数等。

2. 柱塞气举采油参数设计

1）最小井口套压计算

$$p_{cmin} = [p_p + p_{tmin} + p_a + (p_{LH} + p_{LF}) q_L](1 + H_z / K) \tag{4-3-1}$$

式中　p_{cmin}——最小井口套压，柱塞到达井口时的套压，MPa；

　　　p_p——举升柱塞本身所需压力（p_p = 柱塞重力 / 柱塞截面积，推荐柱塞质量 5kg），MPa；

　　　p_{tmin}——柱塞到达井口后的油压，MPa；

　　　p_a——当地大气压力，MPa；

　　　p_{LH}——举升每立方米液体所需压力，MPa/m³；

　　　p_{LF}——举升每立方米液体产生的摩阻，MPa/m³；

　　　q_L——单循环举升液量，m³；

　　　H_z——井下限位器位置，m；

　　　K——与油管尺寸有关的常数，m。

计算时，通常假定流体温度和流速都是恒定的，对于一定尺寸的油管和液体类型，$p_{LH} + p_{LF}$ 是恒定的。$p_{LH} + p_{LF}$ 取值参见表 4-3-1。

表 4-3-1　柱塞设计相关参数取值参考表

油管外径 / mm	举升每立方米液体需要压力和产生摩阻的和 $p_{LH} + p_{LF}$ / (MPa/m³)	与油管尺寸有关的常数 K/m	与油管尺寸有关的常数 C
60.3	7.157	10210.80	0.0260526
73.0	4.424	13716.00	0.0391192
88.9	2.733	17556.48	0.0585980

2）最大井口套压和平均井口套压计算

$$p_{cmax} = [(A_t + A_a) / A_a] p_{cmin} \tag{4-3-2}$$

$$p_{cavg} = (1 + A_t / 2A_a) p_{cmin} \tag{4-3-3}$$

式中　p_{cmax}——最大井口套压（通常取油井开井时的套压），MPa；

　　　A_t——油管截面积，m²；

A_a——环空面积，m^2；

p_{cavg}——平均井口套压，MPa。

3）单循环举升所需气量及气液比计算

$$q_{gcyc}=CH_zp_{cavg} \tag{4-3-4}$$

$$R=q_{gcyc}/q_L \tag{4-3-5}$$

式中　q_{gcyc}——单循环举升所需气量，m^3；

　　　C——与油管尺寸有关的常数；

　　　R——举升气液比，m^3/m^3。

4）柱塞循环次数计算

$$C_y=1440/（t_{dg}+t_{dl}+t_{up}+t_{fl}+t_{cb}） \tag{4-3-6}$$

$$Q_L=C_yq_L \tag{4-3-7}$$

$$t_{dl}=（H_z-H_f）/v_{fl} \tag{4-3-8}$$

$$t_{dg}=H_f/v_{fg} \tag{4-3-9}$$

$$t_{up}=H_z/v_r \tag{4-3-10}$$

式中　C_y——柱塞每天循环次数，次/d；

　　　t_{dg}——柱塞在气体中的下落时间，min；

　　　t_{dl}——柱塞在液体中的下落时间，min；

　　　t_{up}——柱塞上行时间，min；

　　　t_{fl}——续流时间，即柱塞到达井口后继续开井生产时间（外加气源时为零），min；

　　　t_{cb}——套管恢复压力时间（外加气源时为零），min；

　　　Q_L——油井产液量，m^3/d；

　　　H_f——关井时液面恢复深度，m；

　　　v_{fl}——柱塞在液体中的下落速度，经验值15～40m/min；

　　　v_{fg}——柱塞在气体中的下落速度，经验值60～150m/min；

　　　v_r——柱塞平均上行速度，经验值150～300m/min。

5）井底流压计算（流出曲线）

$$p_{wf}=p_{cavg}（1+f）+\rho g（H-H_z）/1000 \tag{4-3-11}$$

式中　p_{wf}——井底流压，MPa；

　　　f——井下限位器深度条件下油气井产出气柱压力系数；

　　　ρ——产出混合液体密度（常采用加权平均法计算），$10^3kg/m^3$；

　　　g——重力加速度，取$9.8m/s^2$；

　　　H——油藏中深，m。

3. 管柱及井口流程设计

柱塞气举技术应用中，井口防喷管安装完成后，气井投产前需要对柱塞气举生产流程进行恢复，将柱塞气举生产通道接入系统生产流程中，在柱塞气举流程恢复中，根据气井采气树不同类型结构进行生产流程设计，应用时可根据井口结构进行参考，常用的双流程井口结构如图 4-3-2 所示。

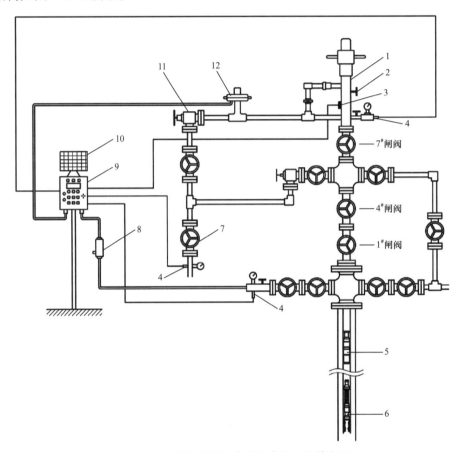

图 4-3-2　柱塞气举工艺流程中的双通道流程

1—柱塞防喷管；2—柱塞捕捉器；3—柱塞感应器；4—压力传感器；5—柱塞；6—井下限位器；7—截止阀；8—分液罐；
9—柱塞控制器；10—太阳能面板；11—节流阀；12—开关井控制阀

第四节　施 工 安 装

一、井下工具投放

1. 检查和准备

（1）持有经过采气单位相关部门审批的施工方案，在作业区办理开工许可，并填写相关交接井单。

（2）施工作业人员持有效证件上岗。

（3）绞车、防喷管、防喷器等主要设备和工具经过定期检验，符合相关安全技术规范及标准的要求。

（4）配备一定数量的符合相关安全技术规范及标准要求的应急和警戒物资：正压式空气呼吸器 2 具、四合一气体检测仪 1 台、8kg 灭火器 2 具、35kg 灭火器 1 具、消防毛毡 2 条、消防铁锹 2 把、消防桶 2 个、警戒带 1 套、风向标 1 个、急救箱 1 个、担架、安全带、警示牌、逃生指示牌、紧急集合点指示牌。

（5）作业人员劳保齐全上岗。

（6）作业队伍进入井场后，应召开安全技术交底会，明确作业目的、程序，落实安全措施及人员分工。

（7）在采气树上风或侧风方向 30m 处树立紧急集合点指示牌，摆放应急物资至集合点指示牌处，并对完好有效性进行检查。

（8）试井车（绞车）停在采气树上风方向，用掩木固定试井车轮胎，将试井车和吊车接地。

（9）拉设警戒带将整个施工区域包括在内，正对紧急集合点方向留一个 2m 的出口，并在出口处摆放逃生指示牌。

（10）在现场显眼位置拉设风向标。

（11）在井场入口显眼位置摆放"禁止入内"警示牌。

（12）对采气树阀门及压力表等附件进行逐项检查，确认采气树阀门完好无泄漏，油压表和套压表指示准确。

（13）架设采气树操作平台。

（14）逐项检查绞车、钢丝、吊车、电子吊秤、防喷管、震击器、通井规、投放筒、盲锤、缓冲器，确保设备和工器具处于良好状态。

（15）对气井天然气硫化氢含量进行一次检测并记录。

2. 通井

（1）在采气树测试阀顶部安装转换接头或更换井口转换法兰。

（2）依次连接绳帽、加重杆、震击器、通井规，测量并记录防喷管及工具串的长度、通井规外径，防喷管长度应大于工具串长度，通井规最大外径不小于 59.5mm，将连接好的工具串放入防喷管内。

（3）用吊车依次将防喷器、防喷管与转换接头（法兰）进行连接，吊车起重钩与防喷管间须连接指重计，保持指重计拉力在防喷管重量的 70% 范围内，调整天滑轮绳槽对准试井车（绞车）钢丝出口。

（4）将钢丝收紧，以测试阀顶部为 0m 位置，对机械深度指示器和电子深度指示器校准归零。

（5）防喷管处加装压力表及放空旋塞阀，打开防喷管放空阀，检查防喷管上下两端的密封情况，密封合格后，缓慢打开测试阀。

（6）打开防喷管放空旋塞阀后，缓慢打开测试阀对防喷管内空气进行置换，对防喷管进行冲压。当气井油压低于 5MPa 时，直接冲压至最高压力，验漏 30min；油压为 5～10MPa 时，分级试压验漏，试压分 5MPa、最高压力两个等级，验漏时间分别为10min、30min；油压为 10～25MPa 时，分级试压验漏，试压分 5MPa、10MPa、最高压力三个等级，验漏时间分别为 10min、10min、30min，防喷管试压验漏合格后，关闭放空阀。

（7）以不大于 50m/min 的速度、钢丝破断张力的 1/3 的张力均匀平稳下放通井工具串，通井至柱塞设计深度以下 10m 处，并在设计深度 10m 上下刮削 3 次，无卡阻现象为合格。

（8）以不大于 50m/min 的速度、钢丝破断张力的 1/3 的张力上提通井工具串，最后30m 提升速度小于 15m/min，待工具串进入防喷管，确认深度计回零。

（9）通井过程中发生工具串遇阻，或其他影响施工的异常情况时，必须立即停止作业，并上报技术管理科。

（10）关闭测试阀，泄压防喷管，拆卸、吊下防喷管和通井工具串。

（11）检查工具串表面有无明显划痕及泥沙、污物，并检查灵活性，清除表面污物。

（12）卸下通井规，填写相关施工记录。

3. 投放坐落器

（1）依次连接绳帽、加重杆、震击器、投放筒、坐落器，测量并记录防喷管及工具串的长度，防喷管长度应大于工具串长度，将连接好的工具串放入防喷管内。

（2）用吊车依次将防喷器、防喷管与转换接头（法兰）进行连接，吊车起重钩与防喷管间须连接指重计，保持指重计拉力在防喷管重量的 70% 范围内，调整天滑轮绳槽对准试井车（绞车）钢丝出口。

（3）将钢丝收紧，以测试阀顶部为 0m 位置，对机械深度指示器和电子深度指示器校准归零。

（4）打开防喷管放空阀，缓慢打开测试阀置换空气，置换完毕后关闭放空阀，检查防喷管上下两端的密封情况，密封合格后，全开测试阀。

（5）以不大于 80m/min 的速度、钢丝破断张力的 1/3 以内的张力下放投放工具串，在到达坐落器设计位置以上 20m 处，分别记录工具串静止和下放悬重，然后以不大于 20m/min的速度缓慢上提工具串，当张力明显大于正常通井工具串上提拉力时，判断为找到油管接箍，缓慢下放至遇阻后再次缓慢上提，确认位置，然后快速下击，剪切投放筒销钉（JDC）的同时，将接箍挡环的芯子下击至锁定位置。缓慢上提工具串，并观察指重仪显示，若上提 20m 指重由刚才的高于正常上提拉力恢复到正常值，表明投放成功。如果指重有较大增加，则表示未剪断投放筒销钉，重复缓慢上提、快速下击过程，直至投放成功。

（6）以不大于 80m/min 的速度、钢丝破断张力的 1/3 的张力上提投放工具串，最后30m 提升速度小于 20m/min，待工具串进入防喷管，确认深度计回零。

（7）如出现影响施工的异常情况时，必须立即停止作业，并上报技术管理部门。

（8）关闭测试阀，防喷管泄压，拆卸、吊下防喷管和解卡工具串。

（9）拆卸解卡工具串，填写相关施工记录，清理作业现场。

二、井口装置安装与流程恢复

1. 井口流程恢复

连接好其他设备及部件，将安装好的柱塞气举防喷系统井口装置连接到采气树上。井口安装如图 4-4-1 所示。

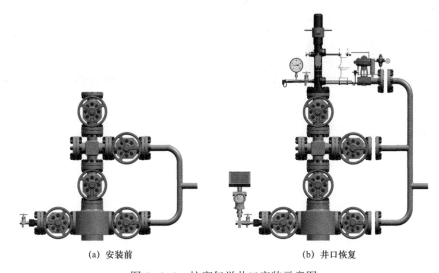

(a) 安装前　　　　　　　(b) 井口恢复

图 4-4-1　柱塞气举井口安装示意图

2. 控制装置、气源管线安装

井口流程连接完毕后，连接气源管线，一头连接至套管取压接头，另一头连接至气动薄膜阀，并按要求在井场内安装远程控制系统，如图 4-4-2 所示。

三、投运与参数调试

1. 运行参数调试

在满足开井条件的情况下由人工通过控制井口针阀缓慢开井（柱塞下落大于 2h，载荷系数小于 0.5），当气井完成带液且套压降至 5MPa 以下后，全开针阀，关闭生产闸阀，通过气动薄膜阀生产，控制器设置为常开模式，转由远程控制进行初次调参。

2. 投放柱塞

关闭 1# 阀门和防喷管的捕捉器，对防喷管泄压后打开防喷帽，将柱塞投入防喷管捕捉器位置，连接好防喷管、防喷帽，打开 1# 阀门，最后打开捕捉器，让柱塞自由下落至井下坐落器缓冲弹簧处。

图 4-4-2　控制系统安装示意图

初次投放柱塞时，必须确认柱塞能够在井口上下通畅运行。方法是柱塞下落 30s 左右控制针阀开井，把柱塞吹至井口，重复三次。

第五节　柱塞调参及故障诊断

一、柱塞气举调参

1.初期调试

柱塞气举井生产初期调试，先选定最简单的定时开关井模式，根据运行周期掌握气井具体生产状况和运行规律[18]。

在设定运行制度前，首先需要通过柱塞气举前期生产油套压、产气、产液和液面测试等数据判识气井目前积液状况和产气能力，当判识气井积液严重时，则运行初期制定的生产制度应偏保守，以排除气井井筒及近井储层积液为目的，排液正常后转入正常生产制度；当气井积液较少、产能较好时，则可制定初期制度摸索出生产规律后再进行制度的优化。

在制定制度后，开井前必须让井的载荷系数达到开井条件后再执行开井，当气井有积液时，不能让井续流生产时间过长，虽然续流生产时产出更多天然气，但同时使气井的能量释放更多，下个周期运行时载荷系数恢复时间会加长，甚至由于积液过多而难以恢复，使气井再次水淹；最好的做法是柱塞举液到达后立即执行关井，以保持气井能量快速恢复，实现对下个周期积液排水，柱塞气举稳定排液运行，这样可保持气井排出更多的积液。

有时，为了形成更高的柱塞举升压力差，实现更低油管或地面压力，在柱塞最初循环举升时把油管中液体之上的气放掉，如果这样还不可行，应尽最大努力降低管线压力。

另外，需要注意的是，在开井生产之前，井应该进行足够长的关井压力恢复，如果条件允许，初始的关井应该达到压力稳定。

控制过程如下：

（1）定时记录套压和油压，当达到载荷系数开井条件后执行开井。

（2）开井使井口气体快速排出，记录下柱塞到达地面的时间（柱塞运行速度）。

（3）一旦柱塞到达地面开始产气，关井让柱塞回到井底。

（4）关井直到套压恢复到前一周期的压力，最好让套压超过管线压力。

（5）开井，让柱塞回到地面，再次记录下柱塞运行时间，关井。

（6）如果这个循环是人工操作，则安装计时器和压力传感器，记录下运行时间和压力。

（7）要有足够的时间使套管的压力恢复，足够的流动时间把柱塞带到地面。

（8）当工作周期稳定后，气藏中井筒周围的流体被清除干净，开始调整柱塞气举运行制度。

有些控制器会对以上步骤进行自动控制，在新安装柱塞气井或不具备自动控制时，应好好考虑以上各步骤。

运行初期需注意以下事项：

（1）在最初的前几天将制度设为开井时间短、续流时间短、套压恢复高，以排除井筒积液为目的。

（2）开井后柱塞开井时间要大于最小开井时间，保证柱塞能够到达井口，通常不少于1h。

（3）在气井能量充足时，关井时间也要大于最小关井时间，确保柱塞能够落至积液最底部，通常不少于2h。

（4）当气井有节流嘴或针阀控制流量生产时，应尽可能开大油嘴或节流针阀。

（5）柱塞工作周期稳定后，还需要让井自动运行一两天，使井筒周围气藏中的流体被清除干净。

气井井筒积液时，则井附近的地层也会出现积液，柱塞运行时须要先花费一定的时间来清除积液。根据油管尺寸和渗透率的不同，清液大概需要一天或几周的时间，气井生产稳定之后再进行优化。

清液阶段采取保守循环，要求关井时间长、续流时间短。当井生产出液并稳定后，套管恢复的压力将会升高，液体产量会下降。连续使柱塞上升速度保持在230m/min是非常重要的。当井稳定时，柱塞运行时间会表现为先降低然后稳定，说明井已排除井筒和储层近井地带积液，可以进行优化了。

2. 定时开关井制度确定

对于积液较少、能量充足的气井，初期不需要排除井筒和近井储层中积液，可根据气井生产曲线来设定合理的运行制度，参考图4-5-1，对制度设置过程进行详细说明。

（1）首先采用柱塞控制器将运行模式设置为常开模式状态，保持气井连续开井生产。

（2）柱塞初次举液到达地面后，保持气井继续常开生产并实时观察气井套压变化，当套压有升高趋势时执行关井，这时气井开井生产的时间就作为该井柱塞运行制度的开井时间。

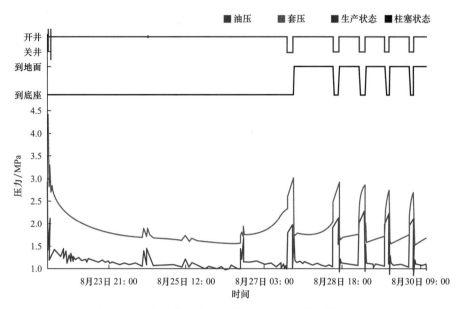

图 4-5-1 新安装柱塞气举井定时开关井制度设置过程

（3）关井后开始监测气井载荷系数，当达到开井载荷系数条件（一般取 0.4～0.5）时，确定该关井时间为气井关井时间。

（4）这时将柱塞气举控制模式调整为柱塞气举定时开关井模式，开井时间和关井时间设定为第（2）条、第（3）条中确定的运行时间，至此柱塞气举定时开关井初步制度设置成功。

（5）根据制定的制度运行柱塞气举，还需连续跟踪 3～5 个柱塞气举运行周期，分析运行曲线，当气井运行曲线套压提前升高，或在关井时套压升高值偏大，则需要缩短开井时间，取套压升高值的时间点为开井时间；同样，关井时间内载荷系数高于 0.5 时，需延长关井时间，直到载荷系数值满足开井条件。

（6）按照优化后的柱塞气举制度运行，定期对运行状况进行查看，出现异常时及时进行优化。

3. 柱塞气举技术优化

1）优化原则

柱塞气举技术优化目标是实现气井稳定生产，使气井能够达到最佳产气和产液状态[19]。

根据气井生产规律，判识气井最优化的生产状态，保证气井井筒积液最少，井底生产流压最低，这时对地层产生回压就越小，则气井生产越稳定，且产量保持最好。

要保持井筒积液量最少，就要具有合理的柱塞气举运行周期，当井底出现积液时，柱塞就发挥作用，把积液排出，当无积液时就保持续流生产，柱塞周期性运行排出井筒积液，保证气井高效生产。

2）柱塞最佳运行状态判断

柱塞气举运行状态可根据套压、油套压差、运行曲线和柱塞上升速度来判断[20]。正常运行时：

（1）套压维持在较低水平，代表着较低的井底压力，同时也反映着较大的产气量；

（2）生产曲线平稳、规律，油压曲线有反映柱塞到达的曲折点；

（3）柱塞到达且速度规律，最佳运行速度为 230m/min，在 100～300m/min 之间可正常运行。

柱塞气举运行理论最佳速度为 230m/min，若柱塞速度超过 300m/min 时，将严重增加柱塞的磨损，浪费能量；运行速度低于 100m/min 时，会造成气体滑脱通过柱塞和液面，降低举液效率。

调试过程中，当实际运行速度大于最佳运行速度时，需增加开井时间，缩短关井时间；当实际运行速度小于最佳运行速度时需缩短开井时间，增加关井时间。

柱塞运行速度受套压恢复和举升液体段塞大小影响，当柱塞密封好时，柱塞会运行得慢一些。

3）优化

当气井排液稳定后，这时可根据气井生产情况进行柱塞周期优化。优化时第一步先确定套管工作压力，在柱塞气举每个周期之后，采用逐渐降低地面套压的方式，初期每次降低 0.1～0.2MPa，然后让柱塞在下一次降低压力之前循环 4～5 次，在每次增加套压之前，记录下柱塞运行时间，确保柱塞平均速度在 220m/min 附近。

如果柱塞速度下降到 220m/min 之下，稍微增加套管工作压力，记录下柱塞几个周期的运行时间，直到柱塞速度稳定在最小值附近。另外，如果柱塞的速度在 300m/min 之上，在柱塞到达地面后使气井续流时间加长，使每个举升周期生产更多天然气；当套压在柱塞运行了几次后稳定在期望的工作参数之内，说明井在新的套管工作压力下运行稳定。

二、柱塞气举运行诊断及故障解决措施

对柱塞气举运行过程中的问题诊断结果及对应处理措施进行整理，分为运行异常和装置故障两种类型，柱塞气举运行异常及处理方法见表 4-5-1，柱塞气举装置及设备运行故障及对应的解决措施见表 4-5-2。

表 4-5-1　柱塞气举制度不合理导致运行异常及处理方法

序号	异常类型	原因分析	异常诊断	解决措施
1	柱塞未到达	上升时间设置过短	开井时间小于柱塞从井底到达井口时间	设定开井上升时间大于柱塞从井底到达井口时间
2		气井能量不足	载荷系数大于0.5，延长关井时间，载荷系数可满足开井条件	延长关井时间，达到开井载荷系数条件
3		积液多，气井无产量	载荷系数大于0.5，长期关井，载荷系数无法满足开井条件	气井复产后制定柱塞气举工作制度
4		柱塞上升悬停在井口大四通处	柱塞未到达防喷管，可听到柱塞与井口撞击声音	延长关井时间，增加柱塞举升能量

续表

序号	异常类型	原因分析	异常诊断	解决措施
5	柱塞未到达	地面管线回压升高	地面管线输压升高引起油压升高，载荷系数大于0.5，柱塞不能到达防喷管	延长关井时间，达到开井载荷系数条件
6		柱塞气举生产流程错误	原生产流程未关闭，柱塞气举控制阀开关井对气井不作用	关闭原气井生产流程，打开柱塞气举生产流程
7	柱塞上升速度过慢	关井时间过短，举升能量蓄积不足	柱塞上升速度小于200m/min	延长关井时间，使柱塞运行速度为200~300m/min
8		单循环举升液量过大	柱塞上升速度小于200m/min	优化柱塞工作制度，使柱塞运行速度为200~300m/min
9		井口节流阀开度过小	柱塞开井瞬时气量小，油压与井口节流后压力压差大，柱塞上升速度小于200 m/min	增大节流阀开度，降低压差
10	柱塞上升速度过快	关井时间过长	柱塞上升速度大于300m/min	缩短关井时间，使柱塞运行速度为200~300m/min
11		柱塞未落入井底	关井时间小于柱塞下落至缓冲器所需时间，柱塞上升速度大于300m/min	延长关井时间，关井时间大于柱塞下落缓冲时间
12		无液体举出	柱塞到达时无液体产出，油压曲线没有排液过程，柱塞上升速度大于300m/min	延长开井时间，套压有升高开始积液时关井

表 4-5-2 柱塞气举装置及设备运行故障及解决措施

序号	装置及设备	故障类型	故障诊断	解决措施
1	井下限位器	卡定器滑落井底	（1）满足载荷系数条件下开井，柱塞无法到达井口。 （2）钢丝作业探测卡定器落入井底	打捞旧卡定器后，投放新卡定器
		井下缓冲器上冲到井口	（1）柱塞连续过快到达且井口未见排液。 （2）井口主控阀门不能关闭	打捞旧井下缓冲器后，投放新井下缓冲器
		井下缓冲器上冲到井筒中间	（1）柱塞连续过快到达且井口未见排液。 （2）钢丝作业探测在井筒中遇阻	
2	柱塞	柱塞防喷管内遇卡	（1）满足载荷系数条件下开井，柱塞到达防喷管，再次开井未检测到柱塞到达。 （2）检查柱塞及防喷管	取出柱塞，更换损坏柱塞
		柱塞井筒遇卡	（1）满足载荷系数条件下开井，柱塞无法到达井口防喷管。 （2）钢丝作业探测柱塞在井筒中遇卡	钢丝打捞取出柱塞，更换损坏柱塞

序号	装置及设备	故障类型	故障诊断	解决措施
3	柱塞防喷管	缓冲弹簧断裂	柱塞到达防喷管撞击声音异常，检查缓冲弹簧	更换损坏缓冲弹簧
		防喷管泄漏	防喷管有刺漏，检测漏点	（1）缓冲帽漏气，泄压后检查更换损坏的O形密封圈。（2）防喷管本体漏气，泄压后拆卸、更换防喷管
4	柱塞捕捉器	捕捉器不能缩回	投放柱塞时，操作捕捉器，但柱塞不跌落	维修或更换捕捉器损坏部件
		捕捉器不能伸进	捕捉柱塞时，操作捕捉器，柱塞到达井口后，但无法捕捉柱塞	
5	开关井控制阀	阀门打不开	阀门上下游压差过大，驱动气压力在额定工作压力范围内，下达开阀指令后阀门不动作	平衡控制阀上下游压力
			气动薄膜阀驱动气压力小于额定工作压力，下达开阀指令后阀门不动作	调节驱动气压力在额定工作压力范围内
			薄膜阀不动作，拆卸薄膜阀，薄膜阀膜片漏气	更换损坏膜片
			控制阀门不动作，电磁阀故障：供气管线液体堵塞；电磁阀被碎屑堵塞	凝结水分液罐排液，拆卸电磁阀吹扫碎屑
		阀门关不严	阀门关闭后，仍有介质流动，拆卸阀门后，阀芯有杂质	气体吹扫或拆卸阀门清除杂物，无法解决时更换阀门密封件
			阀门关闭后，仍有介质流动，拆卸阀门后，阀座及阀芯损坏	更换损坏阀座、阀芯
			阀门关闭不动作，电磁阀泄压孔堵塞	吹扫电磁阀泄压孔，使其畅通
		阀门冻堵	阀芯存在节流，在低温环境下造成阀门冻堵	加热，常压解堵或注入水合物抑制剂解堵
6	凝结水分液罐	凝结水分液罐冻堵	0℃以下，凝结水罐放空排液时，不出水、不出气	加热，常压解堵
		凝结水分液罐满	薄膜阀开井后不动作，排液时间长，凝结水分液罐液体满	进行凝结水分液罐排液

续表

序号	装置及设备	故障类型	故障诊断	解决措施
7	控制器	不执行控制指令	控制器电池电量不足	测量电池充电电压,电池损坏时应更换新电池
				检查太阳能电源,要求板面干净、面朝南方
			控制器线路异常	检查连接线路,确保线路正常
			控制器系统死机	断电后重启或重刷系统
8	柱塞感应器	柱塞到达、跌落检测不准确	人为井口检测校验	调整感应器灵敏度后,重新调试校正
9	数据传输设备	数据无法远程传输	井口无网络信号	安装信号放大器
			数据传输系统馈电	检查电源,电源故障时进行更换
		数据丢包	数据接收不全	增加网络带宽

1. 运行异常

1)运行过快

柱塞气举运行中,气井能量充足、地层压力较高、渗透性较好时,当气井关井时间过长,开井运行柱塞会出现柱塞运行速度过快,超过 300m/min 时为过快运行,超过 600m/min 时为危险运行,举升过程无液体时,会引起柱塞防喷管、撞击块、缓冲弹簧等装置损坏。

为了防止柱塞运行速度过快对井口装置造成损坏,保障技术运行安全性,设定了保护功能,对于危险速度运行时,控制器会执行危险停运,然后人工核实安全后再进行制度优化执行柱塞运行;对于过快运行气井,会设置过快到达报警次数,当运行过快到达次数达到设定值时,也将执行停机指令,需要人工核实安全、解决问题。

柱塞运行速度可通过井口控制器和控制软件平台统计运行速度查看,结合气井实际运行情况进行处理。当气井井筒中出现堵塞等情况影响柱塞正常下落深度,或新投放柱塞未落入井底情况时,会出现柱塞运行过快或危险运行速度误判结果,需要现场检测特殊处理,未落入井底情况必要时需借助钢丝作业辅助确认。

2)运行过慢

柱塞上升到地面的速度过低将影响柱塞气举的效果。柱塞运行的速度比 230m/min 低很多时会大大降低运输液体的效率,对于高产气井,问题将不严重,因为产量很高,可以弥补效率的损失,但对产量低的气井,套管气对于柱塞的密封举升就很重要。

柱塞和液柱依靠套管环空中储存的气以及地层产出气的帮助而上升。如果套管中没有足够的气或者需要很长的关井时间来恢复套压，每天最大可能的循环次数将减少。试验证明柱塞运行速度越慢，举升效率越低，气体通过柱塞泄漏越严重，所以会需要更多的气体将它带到地面。

3）无法到达

柱塞气举要求工具在每次循环当中，在井底缓冲弹簧和防喷器之间运行完整的距离。如果柱塞没有到达地面，则在井中存在积液。找出不让柱塞到达地面的具体原因是很困难的，机械和操作方面的问题都要考虑。

4）无法下落

柱塞一般只靠重力落回井底。如果柱塞在关井之后还是在井口，或者在开井之后很快回到地面，原因有可能是在防喷器处或井底可能存在堵塞物不让柱塞回到井底。

5）续流时间短

柱塞气举井可能在产量上存在差异，考虑缩短测试时间以排出小的液柱。短的压力恢复时间要求建立小的套压，以举起小的液柱，结果造成较低的井底压力和较大的产量。它的限制是流动期太短，造成没有液柱，或关井时间太短，不能让柱塞到达井底。

2. 装置故障

1）薄膜阀故障

气动薄膜阀泄漏时有两个可能的来源，在正常条件下，阀门的隔膜段有 $0.15\sim0.2MPa$ 的压力，外部泄漏经常发生在隔膜和阀体的中间段即阀的包封区。高压阀经常发生磨损和泄漏，所有的阀都有某种形式的包封物包在阀的外面，在某些情况下，拧紧密封内螺纹就能停止泄漏，然而有时需要替换包封才能消除泄漏。

2）控制器

柱塞气举最复杂的部分就是控制器，考虑控制器多样性及复杂情况，主要故障为控制器馈电、程序故障、电路故障等。

3）到达传感器

到达传感器故障主要为线路故障、电器元件故障，无法监测柱塞到达。

4）捕捉器

捕捉器能够在防喷器中夹持柱塞，在地面用摩擦力来控制柱塞，常用捕捉器包括一个延伸到捕捉器边上的球，被一个卷簧推着，当柱塞通过球的时候，弹簧对柱塞的压力使接触柱塞的一面产生摩擦力，防止它下落。常见故障为捕捉器不能有效缩回，投放柱塞时操作捕捉器，但柱塞不跌落，引起柱塞投放失效；另外是捕捉器无法伸进，捕捉柱塞时操作捕捉器，柱塞到达井口后，但无法捕捉柱塞。

三、应用实例

1. 气井概况

苏 × 井气层中深 3330.9m，开采层位盒 8 上 2 段，无阻流量 $45.3192 \times 10^4 \text{m}^3/\text{d}$，2007 年 5 月 26 日投产，投产前油套压均为 24.5MPa，截至 2012 年 8 月 31 日累计产气 $4894 \times 10^4 \text{m}^3$。投产初期日产气量较高（可达 $4 \times 10^4 \text{m}^3$），随着地层能量递减，2011 年，日产气量逐步降至 3000m^3，套压出现锯齿状波动，油套压差增大，表明井筒内积液已对该井正常生产带来了影响。试验前该井油压 1.71MPa，套压 3.95MPa，平均产气量 $0.5792 \times 10^4 \text{m}^3/\text{d}$。

2013 年 8 月 16 日进行柱塞气举试验前流压测试，解释液气高密度位置位于 1800m，压力梯度为 0.36MPa/100m，压力梯度较大，井筒内存在一定的积液，需采取排水采气措施。

2. 优化设计

柱塞气举试验前气井平均井口油压 1.71MPa，套压 3.95MPa，平均产气量 $0.5792 \times 10^4 \text{m}^3/\text{d}$。根据气井生产情况，优化设计了柱塞气举起始开井时间 21600s，关井时间 7200s，初始井口套压 3.0MPa，套压间隔 0.5MPa。

优化设计结果见表 4-5-3，套压越低，相应的关井压力恢复时间越短；套压低，井底流压也低，有利于地层能量释放。因此，推荐较优的排水采气工作制度为开井 21600s（6h），关井 7200s（2h）。

表 4-5-3　苏 × 井优化设计结果

序号	井口套压 / MPa	开井时间 / s	关井时间 / s	日产气量 / m³	日循环周期 / 次
1	2.0	21600	7200	14325.7	3
2	2.5	14400	7200	12045.3	4
3	3.0	7200	7200	10236.8	6
4	3.5	7200	14400	7852.1	4
5	4.0	7200	21600	4789.3	3

3. 试验效果

该井 2013 年 8 月 22 日安装柱塞运行，使用柱状式柱塞，规格为 $\phi 59.5 \text{mm} \times 485 \text{mm}$，下深 3400m。试验后总体生产相对平稳，按照开 2 关 3 的优化制度，柱塞气举试验运行参数设计见表 4-5-4。试验前后采气曲线如图 4-5-2 所示。

柱塞气举试验后，油压 1.26MPa，套压 2.47MPa，平均产气量 $1.2739 \times 10^4 \text{m}^3/\text{d}$，较试验前油套压差降低 2.7MPa，单井增产 $0.6947 \times 10^4 \text{m}^3/\text{d}$，与理论优化设计相差 5%，符合程度较高，说明柱塞气举优化计算方法较可靠。

表 4-5-4　苏 × 井柱塞气举试验运行参数

序号	项目	设置参数
1	开井时间	6h/ 次
2	关井时间	2h/ 次
3	运行周期	4.0 次 /d
4	生产时间	18h/d
5	关井时间	6h/d
6	产气量	$1.4 \times 10^4 \mathrm{m}^3/\mathrm{d}$

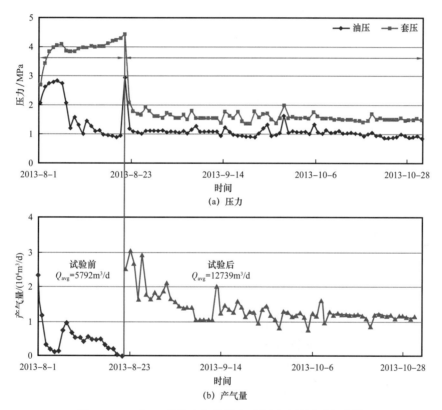

图 4-5-2　苏 × 井柱塞气举排水采气试验前后采气曲线

第五章　速度管柱技术

速度管柱技术国外自 20 世纪 90 年代初开始应用，技术成熟，每年实施达 1500 井次以上，最大下入深度 6248.4m。中国西南油气田在 2003—2005 年开始应用该技术，但操作设备及管材均采用国外进口，进行了 3 口井试验，但由于经济成本过高使得该技术未能推广。2009 年以来，长庆油田分公司通过联合攻关，成功研发了悬挂器、操作窗、堵塞器、滚压连接器等关键工具以及速度管柱带压起下工艺，实现了整套装置和技术的国产化，使综合成本较国外技术降低近 50%，最终形成了适合国内致密气田应用的速度管柱技术，已在长庆油田获得规模化应用，并在其引领与示范作用下，该技术已在大牛地、青海等气田广泛应用。

第一节　速度管柱排水采气原理

速度管柱排水采气是根据井筒两相流和临界携液流量理论，通过在采气井口悬挂 ϕ38.1mm 等较小管径的连续油管作为生产管柱，降低临界携液流量，提高气井携液生产能力，达到排水采气目的（图 5-1-1）。速度管柱排水采气是优选管柱的一种特殊形式，是针对有水气藏气井开采早期带水生产困难而研究的一项自力式排水工艺。该技术具有安装不需压井、维护成本低、提高气井可采储量、最大限度地利用气藏进行排水采气稳定生产的显著特点，现已成为苏里格气田产气量 $0.3 \times 10^4 \text{m}^3/\text{d}$ 以上积液气井排水采气的主体技术之一。

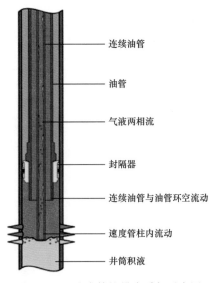

图 5-1-1　速度管柱排水采气示意图

第二节　管 径 优 选

一、高气液比井的临界携液流量

Turner 研究携液流量时，认为在高气液比条件（大于 $1367m^3/m^3$）下，进入井筒内的液相一般以雾状流形式存在。在此条件下，Turner、Hubbard 和 Dukler 提出了确定气井临界携液流速和临界携液流量的两种物理模型，即液膜模型和液滴模型[21]。液膜模型描述了液膜沿管壁的上升，计算比较复杂，液滴模型描述了高速气流中心夹带的液滴。这两种模型都是实际存在的，而且气流中夹带的液滴和管壁上的液膜之间将会不断交换，液膜下降最终又破碎成液滴。Turner 等用矿场数据对这两个模型进行检验，发现液滴模型更实用。

液滴在管流过程中，受到向下的重力和向上的气流拖曳力的共同作用。当液滴处于相对静止状态悬浮于气井井筒中时，液滴在井筒中的沉降速度和气流对液滴的举升速度相等，即液滴的沉降重力与气体对液滴的曳力相等，于是得到能够携带液滴的最低气流速度为：

$$v_{g} = \left[\frac{4g(\rho_1 - \rho_g)d_m}{3C_d\rho_g} \right]^{0.5} \qquad (5-2-1)$$

式中　v_g——气体临界携液流速，m/s；

　　　ρ_1，ρ_g——液体、气体密度，kg/m^3；

　　　g——重力加速度，m/s^2；

　　　C_d——曳力系数，通常取 0.44；

　　　d_m——液滴直径，m。

当实际气流速度大于该最低气流速度时，气流能够将液滴带出井筒；否则，液滴不能有效带出，将会积聚到井筒中。

此外，液滴自身在气流中同时受到两种力的作用：使液滴破碎的惯性力和使液滴保持完整性的表面张力，韦伯数综合考虑了这些力的影响。当韦伯数超过 20～30 的临界值时，液滴将会破碎，取 30 为存在稳定液滴的极值，可得到最大液滴直径为：

$$d_m = 30\sigma/(\rho_g v_g^2) \qquad (5-2-2)$$

式中　σ——液滴表面张力，N/m。

将式（5-2-2）的 d_m 代入式（5-2-1），则得到携带最大液滴的最小气体流速为：

$$v_g = 5.5 \left[\frac{\sigma(\rho_1 - \rho_g)}{\rho_g^2} \right]^{0.25} \qquad (5-2-3)$$

气井的临界携液流量为：

$$q_g = 2.5 \times 10^4 \frac{Apv_g}{ZT} \qquad (5-2-4)$$

式中　q_g——气井临界携液流量，$10^4m^3/d$；

　　　p——井底压力，MPa；

　　　T——井底温度，K；

　　　Z——天然气压缩因子；

　　　A——油管截面积，m^2。

当气井产量 q_{sc} 大于临界携液流量 q_g 时，则能依靠足够的气流速度及时将自由水（包括流入井底的地层水和凝析水）自动携出，不会造成井底积液；否则，由于气流携带能力不足，将会有部分液滴逐渐积聚在井底造成积液。

为提高与现场实际数据的接近程度，Turner 等建议取 20% 的安全系数，则最小携液气流速度为：

$$v_g = 6.6\left[\frac{\sigma(\rho_1 - \rho_g)}{\rho_g^2}\right]^{0.25}$$　　　　　（5-2-5）

此外，西南石油大学的李闽等认为液滴在运动过程中受压差作用呈椭球形，曳力系数 C_d 应取为 1，并在此基础上推导了新的连续临界携液流速公式[22]：

$$v_g = 2.5\left[\frac{\sigma(\rho_1 - \rho_g)}{\rho_g^2}\right]^{0.25}$$　　　　　（5-2-6）

曳力系数是雷诺数 Re 的函数，Turner 等推导的模型是将流体视为牛顿液体，即 $500 < Re < 2 \times 10^5$ 的情况下，将 C_d 取为 0.44 而推导出来的。

在 $Re = 2 \times 10^5$ 附近，流体进入向湍流转变的过渡状态。在 $Re = 3 \times 10^5$ 时达到了临界点，总的 C_d 从约 0.5 陡然下跌，在 $3 \times 10^5 < Re < 5 \times 10^6$ 范围内，C_d 又缓慢上升，直至 C_d 又近乎常值[23-25]。为安全起见，将气井 $Re > 2 \times 10^5$ 情况下的 C_d 取为 0.2，进而推导出气井的临界携液流速模型为：

$$v_g = 6.65\left[\frac{\sigma(\rho_1 - \rho_g)}{\rho_g^2}\right]^{0.25}$$　　　　　（5-2-7）

可见，式（5-2-7）与 Turner 调整后的模型公式基本一致，差别在 1% 以下，可以满足工程计算的需要。这也从理论上解释了人们对液滴模型理论公式是否需要提高 20% 所产生的争议，使经典液滴模型在理论上得以完善。

二、低气液比井的临界携液流量

1. 确定原则

当井筒内气液比低于 $1367m^3/m^3$ 时，井筒内流动不再是雾状流，不能采用上述方法计算，因而也不能用实际产气量与上述方法计算出的临界携液产气量的对比来判断是否存在井筒积液。

当气井在低气液比的状态下生产时，井筒内气液两相可能存在着各种不同的流态，流体的非均质性相当强。因此，在确定临界携液流量时，难以求得类似雾状流条件下两相实用的、严格的数学解析解。一般是从物理概念和基本方程出发，采用实验和无量纲分析方法得到描述某一特定两相管流过程的一些无量纲参数，然后根据实验资料得到经验关系式。以 Hagedorn-Brown 方法[26]（或考虑相态变化的 Hagedorn-Brown 方法）井筒压力计算方法为基础，对临界携液流量进行研究。

理论持液率是指在一定气体流速条件下一定井段内气流能够携带的最大液相体积与总的井筒体积之比，可利用 Hagedorn-Brown 方法（或考虑相态变化的 Hagedorn-Brown 方法）计算其值；实际持液率是指在一口实际生产气井中一定井段内液相体积与总井筒体积之比。根据理论持液率和实际持液率的定义，可以得出低气液比临界携液流量的确定原则[27]为：利用 Hagedorn-Brown 方法（或考虑相态变化的 Hagedorn-Brown 方法）井筒压力计算方法计算井筒各段的理论持液率和压力，然后根据井筒压力和气液比计算全井筒各段的实际持液率，并将各个井段的理论持液率和实际持液率绘制在同一张图上进行比较；如果各段的理论持液率都大于实际持液率，则认为在该产气量条件下气井能够正常携液生产；否则，就存在携液困难和井底积液。通过计算不同产气量条件下气井携液生产情况，找出能够保证气井正常携液的最小产气量，即是低气液比的临界携液流量。

2. 计算方法

1）理论持液率和井筒各段压力的计算

Hagedorn-Brown 实验研究认为，理论持液率与 4 个无量纲参数有关：液体速度数、气体速度数、管子直径数和液体黏度数，计算公式见式（5-2-8）至式（5-2-11），利用计算值查图版可以得到理论持液率 H_L[28]。

求液体速度数 N_{LV}：

$$N_{LV} = 3.1775 u_{sL} \left(\frac{\rho_L}{\delta} \right)^{0.25} \qquad (5-2-8)$$

求气体速度数 N_{gv}：

$$N_{gv} = 3.1775 u_{sg} \left(\frac{\rho_L}{\delta} \right)^{0.25} \qquad (5-2-9)$$

求管子直径数 N_d：

$$N_d = 99.045 d \left(\frac{\rho_L}{\delta} \right)^{0.5} \qquad (5-2-10)$$

求液体黏度数 N_u：

$$N_u = 0.31471 \mu_L \left(\frac{1}{\rho_L \delta^3} \right)^{0.25} \qquad (5-2-11)$$

式中　u_{sL}——液相表观速度，m/s；

　　　ρ_L——液体密度，kg/m³；

　　　δ——气液表面张力，N/m；

　　　u_{sg}——气相表观速度，m/s；

　　　d——液滴直径，m；

　　　μ_L——液相黏度，Pa·s。

在求出理论持液率之后，就可以计算气液混合物密度和井筒各段压力。

2）实际持液率的计算

在计算得到理论持液率和井筒各段的压力后，根据实际持液率的定义可推导出它的计算式：

$$H_{actual} = \frac{v_w}{v_w + GLR \times v_w \left(\dfrac{0.101325ZT}{293pZ_{sc}} \right)} = \frac{1}{1 + GLR \times \left(\dfrac{ZT}{2891.69pZ_{sc}} \right)} \quad （5-2-12）$$

式中　v_w——液滴流速，m/s；

　　　GLR——井筒内气液比，m³/m³；

　　　Z_{sc}——标准状况下气体压缩因子。

3）临界携液流量的确定

计算出理论持液率和实际持液率后，利用计算软件分别绘出二者与井深的关系曲线，如图5-2-1和图5-2-2所示。当井筒各段的理论持液率都大于实际持液率时，表明气井能够正常携液生产，如图5-2-1所示；反之则不能正常连续携液生产，如图5-2-2所示。若不能正常生产，则逐渐减少气井产气量，计算并比较井筒各段的理论持液率和实际持液率，直到找出能够保证气井正常携液的最低产气量，即是低气液比条件下的临界携液流量。

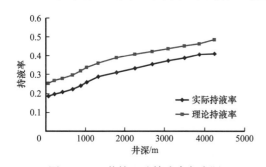

图5-2-1　井筒理论持液率与实际
持液率曲线图（能携液生产）

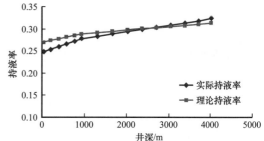

图5-2-2　井筒理论持液率与实际
持液率曲线图（不能携液生产）

三、管柱优选的影响因素

1.气井油管流动摩擦损失

天然气从井底流到井口，在油管柱中由于摩擦阻力引起压力损失。气井油管流动摩阻损失的大小主要取决于气井的产量、井底压力、井的深度及生产管柱的直径。若油管尺寸选择不当，气体在管柱中的流动摩阻损失太大，会严重影响气井产能的发挥。

对于定产量气井，流动摩阻随油管内径变大而减小；对于生产管柱确定的气井，气井管柱压降、流动摩阻随产气量变大而增大。

两相摩阻系数 f_m 采用 Jain 公式［式（5-2-13）］计算[8]：

$$\frac{1}{f_m} = 1.14 - 2\lg\left(\frac{e}{D} + \frac{21.25}{Re_m^{0.9}}\right) \qquad (5\text{-}2\text{-}13)$$

其中：

$$Re_m = \frac{\rho_{ns} v_m D}{\mu_m}$$

$$\mu_m = \mu_L^{H_L} \mu_g^{(1-H_L)}$$

$$v_m = v_{sL} + v_{sg}$$

式中　e——绝对粗糙度，m；

　　　　D——管柱内径，m；

　　　　Re_m——混合物雷诺数；

　　　　ρ_{ns}——无滑脱混合物密度，kg/m^3；

　　　　v_m——混合物流速，m/s；

　　　　μ_g，μ_L，μ_m——气相、液相、混合物黏度，$Pa \cdot s$；

　　　　H_L——持液率。

2. 气井油管抗气体冲蚀能力

高速流动的气体在金属表面上运动，在气体杂质机械磨损与腐蚀介质的共同作用下，会使油管腐蚀加速；同时，高速气体含有水蒸气，且流动不规则，使得气泡在金属表面不断产生和消失，气泡消失时，形成大压差，对靠近气泡的金属表面产生水锤作用，致使表面保护膜破裂，腐蚀继续深入。高速气体在管内流动时发生显著冲蚀作用的流速称为冲蚀流速。当气体速度低于冲蚀流速时，冲蚀不明显；当气体速度高于冲蚀流速时，油管柱产生明显的冲蚀，且随着流速的增高，冲蚀加剧，严重影响气井的安全生产。现场实践表明，气体流速高于 21.3m/s 时，冲蚀现象尤为严重。

气井油管抗气体冲蚀性能表明了油管在冲蚀临界流速约束下的日通过能力。要使气井油管不因为气体冲蚀而降低寿命，其产量不能大于相应管柱、流压和温度下的气体冲蚀流量。在同一流动温度、流动压力下，气体冲蚀临界流量随油管内径变大而增大。在同一油管内径下，气体冲蚀临界流量随流动压力的变大而变大。随着气藏的开发，气井流动压力降低，气井的冲蚀临界流量也降低。气井油管抗气体冲蚀流量计算公式为：

$$q_e = 5.164 \times 10^4 A \left(\frac{p}{ZT\gamma_g}\right)^{0.5} \qquad (5\text{-}2\text{-}14)$$

式中 q_e——冲蚀流速约束下的油管流量，$10^4m^3/d$；

$\quad\quad p$——油管流动压力，MPa；

$\quad\quad A$——油管横截面积，m^2；

$\quad\quad \gamma_g$——天然气的相对密度；

$\quad\quad T$——井筒内静止气柱的热力学温度，K；

$\quad\quad Z$——井筒内静止气柱的天然气偏差系数。

3. 气井油管强度设计

为满足气井生产需要，应对油管的最佳钢级、壁厚、长度的组合进行优化设计。气井油管在井下受到温度、压力及腐蚀等各种因素的影响，因此，油管必须抗内压、抗外挤，不至于产生活塞效应、螺旋弯曲效应、膨胀效应和温度效应等。

由于油管在一般情况下的抗挤强度和抗内压强度较大，现场初步设计时主要考虑抗拉强度。管材拉力是由油管自重产生的，抗拉强度设计是油管下入深度设计的主要内容。速度管柱抗拉强度校核计算公式为：

$$\sigma_{max} = \frac{W}{S} = \frac{4ql}{(r_o^2 - r_i^2)\pi} \leqslant \frac{[\sigma]}{\lambda} \quad\quad (5-2-15)$$

式中 σ_{max}——速度管柱最大抗拉强度，Pa；

$\quad\quad W$——速度管柱总重力，N；

$\quad\quad S$——速度管柱横截面积，m^2；

$\quad\quad q$——油管单位长度的重力，N/m；

$\quad\quad r_i$，r_o——速度管柱内径、外径，m；

$\quad\quad l$——速度管柱下入深度，m；

$\quad\quad [\sigma]$——速度管柱许用应力，Pa；

$\quad\quad \lambda$——安全系数，取1.50。

第三节 速度管柱带压下管工艺

一、基本原理

采用不压井技术，作业前向速度管柱管尾预置堵塞器封堵速度管柱内部，防止下管作业过程中井筒气体产出；利用连续油管作业机将速度管柱下入设计井深后，通过防喷器在井口剪断速度管柱，并采用专用悬挂器进行悬挂与密封。

二、作业设备及关键工具

1. 作业设备

辅助系统的连续油管作业机可进行速度管柱的起下，其设备至少应包括注入头、鹅颈管、注入头支架、注入头提升机构、动力部分、速度管柱滚筒、控制室、数据采集系统。

1）注入头

注入头主要功能是实现速度管柱的下入和起出。它主要由驱动链系统、牵引系统、张紧系统、液压驱动系统、制动系统、指重仪、深度计数系统等组成。

注入头的提升能力应是最大预测负荷的140%，而注入能力则是最大预测负荷的120%。

2）鹅颈管

鹅颈管主要功能是引导速度管柱进入注入头。它主要由固定和支撑系统、导向系统组成。

3）注入头支架

该设备通常用于无井架操作系统，它能承受在正常操作状态下所产生的动载、静载和弯曲应力。系统的工作极限必须符合设计要求，当速度管柱向工作平台传递载荷时，在设计中必须考虑注入头的最大提升力和最大下推力的大小。

4）注入头提升机构

借助注入头提升机构能对注入头、井控设备和其他连接设备进行单独操作。该提升机构的负载能力至少大于位于快速接头上部的注入头总成质量，再加上预计底部钻具组合（BHA）的最大质量和打开快速接头所需压力总和的130%。

5）动力部分

动力系统能为连续油管作业机工作提供足够的动力，通过它可单独调节和预先设定施加在注入头上的最大提升力和最大下推力的大小。

6）速度管柱滚筒

速度管柱下井作业前，应将其整齐地盘绕在速度管柱滚筒上。为防止速度管柱产生应力集中现象，要求滚筒直径至少是速度管柱直径的48倍。同时还需配备自动刹车系统，可在液压动力失效的情况下实现自动刹车。

7）控制室

控制室的设计应符合人体工学原理及相关规定要求，能方便地进行各种必要的控制操作和设备监测。

8）数据采集系统

数据采集系统显示和记录作业过程中相关参数的变化过程，同时可在现场进行实时数据分析。

2. 关键工具

速度管柱下入作业时所需的配套装置主要包括过渡操作窗、井口悬挂器、堵塞器、固定器、变径法兰。

1）操作窗

操作窗的功能是进行悬挂器卡瓦投放和速度管柱切管等操作，同时还可借助操作窗上的压力表进行悬挂器密封性检验。

该装置由上法兰、活塞、上密封区、操作手柄、外筒、下密封区、下法兰、大螺栓组成。中心部分由连接套和活塞套通过螺纹连接，O形密封圈密封，通过大螺栓连接上法兰、下法兰组成。活塞套能上提，便于投放卡瓦和剪断速度管柱作业。大螺栓必须能支撑井口之上防喷系统和注入头等部件的重量，这是该装置的关键部件之一。

2）悬挂器

悬挂器是整个装置中的核心部分，它主要有三个功能：一是利用卡瓦悬挂速度管柱；二是借助内置胶筒的压缩变形密封速度管柱；三是下管作业时通过侧面的旁通通道降压生产。该装置主要由三通本体和连接在本体上的顶丝、顶丝套、压环、密封胶筒、压圈、压筒固紧而成。

（1）悬挂器三通。

气井内介质一般含硫化氢、二氧化碳、盐和碱等腐蚀性介质，故要求悬挂器三通有足够的强度，外形尺寸符合三通标准，以便与标准作业井口快速连接。

天然气、水等介质通过悬挂器的主通径产出。悬挂器侧面开有旁通通道，下管作业时，天然气、水等介质通过悬挂器的旁通通道产出，以降低气井井筒中的压力。

（2）悬挂器密封胶筒。

顶丝通过一个斜面结构件压紧密封胶筒实现井口密封，故要求密封胶筒具有足够的耐磨性。悬挂器密封胶筒采用中空柱形的结构，满足悬挂器三通与速度管柱环形空间的密封要求。

（3）悬挂器卡瓦。

卡瓦采用力学自锁角原理设计成圆锥楔面，由两块组成，中空部为螺旋状形齿槽，内表面经过渗碳处理，以使其具有足够的韧性抗变形。要求自锁角设计适当，可在管子自重作用下自锁管子，且解除自锁力量小。

3）堵塞器

堵塞器的功能是防止下管作业时井筒中的气体沿着速度管柱上行。下管结束后，打掉堵塞器至井底，井筒中的气体沿着速度管柱上行，从而被采出。

堵塞器由带密封槽的铝制本体和安装在其上的O形密封圈组成，端面加装铜垫。随着速度管柱下井深度的增加，井底压力升高，气体对堵塞器的上顶力逐渐增大，密封性得到进一步增强。

4）固定器

固定器的功能是固定主卡瓦，防止速度管柱所受上顶力致使主卡瓦松动，同时自身所带的小卡瓦还具有辅助悬挂速度管柱的作用。

固定器由卡瓦座套、卡瓦和拧紧套组成。拧紧套有螺纹孔，接专用手柄拧紧各部件。卡瓦均分成两块，中空部为螺旋状形齿槽，便于容纳变径法兰。固定器卡瓦与主卡瓦一样，采用圆锥楔面，角度设计成适当的自锁角，可在管子自重下自锁管子，解除自锁力量很小。安装时用压帽压紧卡瓦，卡瓦座尽量靠近主卡瓦。

5）变径法兰

由于悬挂器尺寸特殊，无法与采气树上的闸阀直接连接，故需用变径法兰作为过渡。变径法兰下部与悬挂器的上法兰相连，变径法兰上部连接采气树闸阀。

三、下管工艺

1. 悬挂方案设计

实现速度管柱在采气树上的密封悬挂是速度管柱排水采气技术的核心。根据气井采气树现状，作业前拆除井口主阀上部采气树，在采气树主阀上部安装专用悬挂器悬挂速度管柱，作业时配套过渡操作窗完成卡瓦投放，生产时悬挂器和上部闸阀之间通过变径法兰连接。当速度管柱下到设计深度时，将其坐封于悬挂器上，拆掉操作窗、封井器及注入头，在悬挂器上部安装原闸阀及四通，恢复采气井口。

2. 下入深度设计

根据速度管柱抗拉强度校核公式（5-2-17），以确定速度管柱最大下入深度 l。

$$l \leqslant \frac{\left(r_o^2 - r_i^2\right)\pi}{4q\lambda}[\sigma] \qquad (5-3-1)$$

采用式（5-3-1）计算出速度管柱最大下入深度后，还要根据气井井身结构、油管鞋深度、井下工具规格及深度、油补距、产层井段及排水采气要求，确定速度管柱具体下入深度。

对于原油管中下速度管柱，设计下入深度在水力锚以上 5～10m；对于未下油管、起出原油管及光油管完井的气井，设计下入深度在产层之上 10～15m。

3. 打堵塞器方案设计

首选方案：将套管气引入速度管柱中，关闭套管闸阀，采用速度管柱与原油管环形空间生产，依靠速度管柱内部与堵塞器下部形成的压力差打掉堵塞器[12]，根据堵塞器形式进行压差设计（压力差应达到 1.5MPa 以上）。

备选方案：将氮气车或天然气压缩机气举车与气井相连，向速度管柱中泵入氮气或天然气，打掉堵塞器。

4. 采气方案设计

关闭 2#、5# 闸阀，天然气通过 8# 闸阀进站生产，保持原有定压生产方式不变，打开速度管柱生产闸阀，并缓慢开启生产针阀，采用速度管柱进行排液生产。如压力过高，通过速度管柱不能开井时，可采用速度管柱、速度管柱与油管的环形空间同时生产，当气井完全开启后，关闭小环空转为速度管柱排液生产。速度管柱安装及采气如图 5-3-1所示。

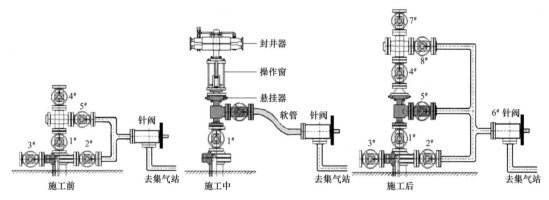

图 5-3-1　速度管柱采气示意图

5. 下管工艺

1）作业前准备

（1）采气树。

井口闸阀不渗不漏，启闭灵活。井口压力表、流量计指示准确。

（2）材料准备。

根据作业最大悬重、吊高，准备合适的起重设备 1 辆，要求指重显示良好。拉运并安装地锚，地锚不少于 3 个。要求地锚绳与地面角度小于 45°，直径大于 10mm。准备施工后连接流程所需的闸阀、钢圈和螺栓。按照作业等级配备应急器材。

（3）速度管柱作业车。

速度管柱作业车的检测、试运行按照使用说明的相关条款进行。

（4）通井、测液面。

采用合适的通井规对气井通井，通井深度满足速度管柱下入深度。测试气井井筒液面高度，确认气井积液情况。

2）施工程序

（1）摆放施工车辆。

正确摆放速度管柱作业车，要求作业车中心轴线正对井口且距离为 10～20m；吊车摆放于速度管柱作业车正对面或侧面，要求能够覆盖整个吊装作业。

卸下注入头并放置于距离速度管柱作业车尾部 1m 处，将鹅颈管安装于注入头上部。

（2）安装堵塞器。

对速度管柱下入端部进行 45° 倒角处理后导入注入头中，启动速度管柱作业车，下入速度管柱至注入头以下 300mm 左右，尽量保证速度管柱垂直。

对底端速度管柱内壁进行打磨，打磨深度 40mm，要求打磨内径与堵塞器外径相适应。

在堵塞器上涂密封胶并晾置 15min，确保密封胶成型，将堵塞器平稳缓慢地装入打磨好的速度管柱底端。

（3）拆卸井口。

关闭 1# 主闸阀和生产针阀，泄去 1# 主闸阀与生产针阀间管线内的压力，拆下 1# 主闸阀以上装置及生产针阀与采气树之间的连接管。

（4）安装悬挂器。

在 1# 主闸阀上安装已预置密封胶筒的速度管柱悬挂器，然后在悬挂器侧面的旁通上安装 1 个闸阀，要求闸阀与套管闸阀保持平行且方向一致。

（5）安装操作窗、防喷器、注入头。

在悬挂器上部依次安装操作窗、防喷器和穿好绷绳的注入头，用吊车平稳吊住注入头，用预制的 4 根立柱支撑注入头，保证注入头稳定牢固。

连接地锚与绷绳，调整绷绳拉力并使注入头正对速度管柱作业车。

（6）检查悬挂器密封胶筒密封性。

对井口安装的装置试压试漏后，将速度管柱计数器清零，打开 1# 主闸阀，下入 60～100m 的速度管柱，拧紧悬挂器上的密封顶丝密封速度管柱，观察操作窗上的压力表，检查悬挂器密封性；密封不严时，重新密封。

（7）下入速度管柱。

下管过程中，前 50m 要求下入速度小于 5m/min，之后缓慢提升下管速度并控制在 20m/min 以内，复杂井段或到达预定深度前 50m 将速度降至 10m/min 以下。

速度管柱下管过程中，速度管柱内压力突然升高或缓慢增大到油压值，证明堵塞器已失效，应起出速度管柱重新安装堵塞器，重复上述下管程序。

下管过程中，在不同的井深位置校核悬重，根据悬重变化情况，调节内张、外张和驱动压力，确保下管速度可控。

（8）速度管柱悬挂。

泄去悬挂器以上装置内的压力，打开操作窗，在悬挂器卡瓦座上投放卡瓦，关闭操作窗。

打开悬挂器密封顶丝，缓慢下入速度管柱 200mm，以 0.2～0.5t 载荷缓慢递减注入头夹持力，夹持力降为 0 且速度管柱无下移时表明速度管柱已悬挂。悬挂不成功，应解卡后重新悬挂。

（9）速度管柱剪管。

拧紧密封顶丝密封速度管柱，确认速度管柱环形空间无气体泄漏，对悬挂器上部泄压后，利用防喷器剪切闸板剪断速度管柱，依次拆卸注入头、防喷器和操作窗，在悬挂器之上 380～400mm 的位置处用割管器剪断速度管柱。

（10）安装卡瓦固定器。

在悬挂器卡瓦上安装固定器进一步加固卡瓦，防止卡瓦活动失效。

（11）安装井口。

在悬挂器上安装转换法兰，按照生产流程设计要求安装原拆卸井口，并将井口生产闸阀与生产针阀连接，检查安装井口的密封性。安装后 1# 主闸阀必须为常开状态，应悬挂禁止操作的标识牌。

第四节 速度管柱带压起管工艺

一、基本原理

采用不压井技术，作业前向速度管柱管口打入管内堵塞器封堵速度管柱内部，防止井筒气体产出；利用滚压式连接器将连续油管作业机上预置的连续油管与井筒连续油管相连接，采用作业机上提连续油管，使其解卡，再连续起出井筒连续油管。

二、关键工具

1. 连续油管内堵塞器

1）作用

连续油管内堵塞器用于封堵连续油管内通道，隔绝井底压力，为拆卸悬挂器以上井口提供零压条件。

2）结构组成

连续油管内堵塞器内部结构及三维建模效果图如图 5-4-1 所示。

图 5-4-1 连续油管内堵塞器

3）工作原理

连续油管内堵塞器与送入杆连接后，在连续油管作业机注入头的作用下被缓慢送入连续油管内。当导锥经过井口处连续油管管口时，导锥上轴向的导引槽导引连续油管内焊筋避开锚爪所在的周向位置。堵塞器下入设计深度后，注入头上提送入杆，堵塞器上行，摩擦片与连续油管内壁接触产生的摩擦力，使得摩擦体和锁环与芯轴之间在上行过程中轴向速度不一致，产生相对滑动，锥体在芯轴的带动下逐渐撑开锚爪，锚爪与连续油管内壁接触并锚定而后停止滑移。继续上提送入杆，胶筒在芯轴的带动下被轴向压缩膨胀并封隔堵塞器上下压力，随着上提送入杆的载荷达到设计的丢手载荷后，丢手拉销被拉断，实现送入杆与堵塞器丢手分离，达到速度管柱内封堵的目的。

4）主要技术参数

额定密封压差：35MPa。

丢手载荷：18kN。

坐封距：20mm 左右。

工具总长：430mm。

2. 滚压式连接器

滚压式连接器是由滚压接头改进而来，其最大的特点是采用轴向压缩胶筒密封，不需要修磨连续油管内焊筋，快速安装，提高井控安全性。

1）作用

不修连续油管内焊缝，直接安装，实现管管对接，同时具有二次封堵连续油管内通道作用。

2）结构组成

连续油管快速封堵滚压接头结构如图 5-4-2 所示，其中芯轴上部设有内六方扳手沉头孔，使用内六方扳手旋转芯轴，控制芯轴轴向运动，压缩胶筒实现密封。

3）工作原理

在无须对连续油管内焊筋做任何处理情况下，将该工具装配好后，从连续油管管口直接插入连续油管内，使用图 5-4-3 所示的专用滚压工具，并对应滚压接头环形槽轴向位置滚压连续油管外壁，使连续油管外壁凹陷深度与每一条环形滚压槽深度相等，实现该工具与连续油管连接。逆时针旋转芯轴，芯轴带动挡圈压缩胶筒密封。

图 5-4-2　滚压式连接器

图 5-4-3　连续油管专用滚压工具

4）主要技术参数

额定气密封工作压差：35MPa。

与连续油管安装连接后的抗拉载荷：19t。

工具总长：168mm。

3. 液压通井装置

速度管柱下管施工完毕后，由于作业区人员管理不到位，极少数气井 1# 闸阀处速度

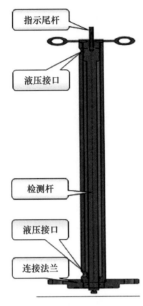

图 5-4-4　液压通井装置结构示意图

管柱被夹扁，使得现有的带压起管工艺都无法实施。为了避免使用连续油管作业机探夹扁带来的高作业费用，以及因连续油管严重夹扁导致起管作业无法实施带来的人员和设备动迁费用，设计了轻便的液压通井装置，在探路时实施井口连续油管通井作业，提前了解和掌握井口处连续油管夹扁情况，以便后续决策和生产安排。

1）装置结构

液压通井装置结构如图 5-4-4 所示，其主要由液压接口、连接法兰、活塞缸、活塞杆和指示尾杆等组成。

2）工作原理

将带导引槽的连续油管通径规（图 5-4-5）与液压通井装置的活塞杆相连，关闭井口 4# 闸阀，液压通井装置的法兰连接于井口测试法兰处，打开 4# 闸阀，使用液压源（手压泵）驱动活塞杆下行进入连续油管内，直至通径规经过 1# 闸阀，在该过程中，通过观察指示尾杆缩进长度来判断通径规下行距离，通井完毕后液压源驱动活塞杆上行，直至通径规过 4# 闸阀并将其关闭，拆掉通井装置，至此完成通井工作。

3）技术参数

活塞杆最大行程：1.5m。

井口额定密封压差：35MPa。

最大液控压力：25MPa。

工作温度：−29～121℃。

4. 管端扶正装置

现有速度管柱悬挂后，井口处的连续油

图 5-4-5　连续油管专用通径规

管为悬臂弯曲状态，为方便起管作业中堵塞器能够顺利通过管口，避免堵塞器无法通过连续油管管口甚至被管口刮坏，需要使用管端扶正装置，井口带压条件下送入扶正套对连续油管管端进行扶正。

1）工作原理

作业时，保持现有速度管柱生产井口，关闭井口 4# 闸阀，将管端扶正装置与井口的测试法兰连接，打开 4# 闸阀，依靠升降螺纹送入扶正套（图 5-4-6）。扶正套自带导引角，可将连续油管导引入扶正套内。

2）技术参数

装置额定工作压力：35MPa。

装置最大轴向行程：400mm（4# 闸阀闸板到连续油管管口距离）。

扶正套内径、外径：40mm、62mm。

5. 管口修磨装置

去除连续油管速度管柱下管施工时因割刀割管导致的连续油管管口缩径或毛刺，便于后续通径规和堵塞器通过连续油管管口。

1）装置结构

连续油管管口修磨装置结构借用管端扶正装置，不同的是将扶正套和送入工具换成了锥形锪刀，如图 5-4-7 所示。

图 5-4-6 扶正套

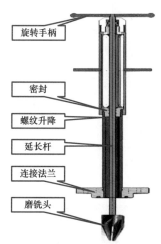

图 5-4-7 管口修磨装置结构及工作示意图

旋转手柄
密封
螺纹升降
延长杆
连接法兰
磨铣头

2）工作原理

作业时，保持现有速度管柱生产井口，关闭井口 4# 闸阀，将管口修磨装置与井口的测试法兰连接，打开 4# 闸阀，推动升降螺纹送入磨铣头，对连续油管管口进行修磨。

3）技术参数

装置额定工作压力：35MPa。

装置最大轴向行程：400mm。

6. 液控操作窗

开窗取卡瓦时利用液压控制其快速开启和关闭，节省作业时间和降低劳动强度，利用液控操作辅助快速分离卡瓦和卡瓦座，如图 5-4-8 所示。

1）装置结构

液控操作窗主要由液压接口、上下连接法兰、活塞和窗口锁紧机构等组成。

2）工作原理

操作窗有上下两个液压接口，分别控制活塞上下运动，即操作窗打开和关闭。操作窗上窗口锁紧机构

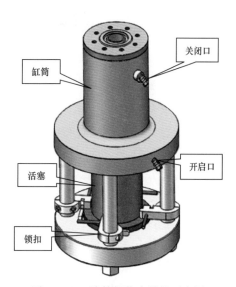

图 5-4-8 液控操作窗结构示意图

缸筒
活塞
锁扣
关闭口
开启口

用于操作窗关闭后，限制活塞向上运动，防止施工过程中由于井口气压作用或人为误操作意外打开操作窗。使用液控操作窗辅助分离卡瓦和卡瓦座操作时，将卡瓦推板卡住卡瓦座，操作窗活塞向下运动，带动卡瓦座下行，从而实现卡瓦座与卡瓦分离。

3）技术参数

通径：65mm。

井口额定工作压差：35MPa。

最大液控压力：21MPa。

窗口高度：250mm。

工作温度：−29～121℃。

7. 防起过报警装置

连续油管带压起管后期，由于连续油管设计下深与实际下深数据时常存在误差，导致连续油管尾管有可能起过作业机防喷盒导致井口漏气，甚至起过注入头造成连续油管喷射甩管，给施工作业带来较大的安全隐患。为降低井口漏气和甩管的风险，除采用降低注入头起管速度措施外，起管作业时将该装置安装于防喷器之下，一旦连续油管尾管经过该装置，该装置立刻发出报警信号提醒作业机操作手停机。

1）装置结构

防起过报警装置结构如图5-4-9所示，其主要由左右活塞指示杆、上下连接法兰、复位弹簧和滚轮等组成。

2）工作原理

防起过报警装置的滚轮与井口偏心一定距离，初始状态下左右指示杆与端面平齐，当报警装置内有连续油管上下运动时，由于连续油管位于井口轴线位置，推动滚轮与井口产生更

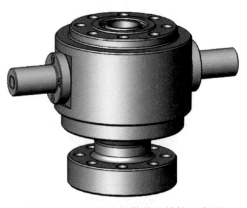

图5-4-9　防起过报警装置结构示意图

大的偏心，左活塞杆内缩，右活塞杆伸出端面（地面观察），滚筒同时转动。当连续油管尾管起过该装置时，由于没有了连续油管的作用，左右活塞杆在复位弹簧的作用下恢复到初始状态，地面可观察到右活塞杆缩进，同时左活塞杆在复位的同时触动电子报警装置，装置产生报警作用，此时连续油管尾管位于井口1#主阀和防喷盒之间，作业人员可立即停机并关闭井口1#主阀。

3）技术参数

通径：65mm。

额定工作压差：35MPa。

适应管径：1.25in和1.5in连续油管。

工作温度：−29～121℃。

三、起管工艺

1. 管端扶正

（1）验证 4# 闸阀的密闭性：关闭 4# 闸阀和 8# 闸阀，从小四通针阀放气泄压完后关闭针阀，10min 观察压力有无上升。

（2）4# 闸阀的密闭性验封合格且 4# 闸阀以上泄压后，拆掉清蜡法兰。

（3）将扶正套与修管口工装（带旋塞阀）通过送入杆连接，调节送入杆的长度，将扶正套下放至尽可能贴近 4# 闸阀闸板位置（最大间隙距离不超过 100mm），然后将修管口工装与井口连接。

（4）缓慢打开 4# 闸阀，利用井口压力对 4# 闸阀以上井口验封。

（5）验封合格后，打开 4# 闸阀至全开。

（6）操作修管口工装沿上扣方向旋转送进把手缓慢下放扶正套，直至扶正套完全套住连续管（若扶正套下入过程遇阻，沿卸扣方向旋转修管口工装送进把手上提扶正套后，并沿上扣方向转动旋转把手一定角度尝试下放，然后检查 4# 闸阀是否完全开启或开过）。

（7）扶正套被送入设计位置后，卸扣方向转动旋转把手一定角度（90°），并沿卸扣方向旋转送进把手，送入杆与扶正套分离，继续沿卸扣方向旋转送进把手，起出送入杆，关闭 4# 闸阀。

（8）旋塞阀放气泄压，拆修管口工装。

2. 修管口

（1）将管端扶正套更换为锥形铰刀，并调节送入杆长度至 4# 闸板附近（最大间隙距离不超过 100mm），然后将修管口工装（借用扶正套工装）与井口连接。

（2）缓慢打开 4# 闸阀，利用井口压力对 4# 闸阀以上井口验封。

（3）验封合格后，打开 4# 闸阀至全开。

（4）操作修管口工装沿上扣方向旋转送进把手缓慢下放至铰刀遇阻，沿上扣方向旋转把手带动铰刀修管口，旋转把手旋转扭矩减小后，沿上扣方向旋转送进把手给铰刀一定轴向进给量，直至完成管口修磨（从铰刀遇阻至修完管口，铰刀轴向进给量为 3～5mm）。

（5）沿卸扣方向旋转送进把手，将铰刀起到 4# 闸阀以上，关闭 4# 闸阀。

（6）旋塞阀放气泄压，拆修管口工装。

3. 井场准备

按照要求摆放连续管作业机及相关车辆，场地条件允许情况下，连续管作业机应摆放在作业期间的上风位置。

4. 探 1# 闸阀处连续管夹扁情况

（1）利用专用工装完成对连续管管口进行扶正和修磨后，在不动原有采气井口的基础上，将带导引槽的探头与探夹扁工装（带旋塞阀）通过送入杆连接，调节送入杆长度至探头位于 4# 闸阀闸板上方附近位置，然后将探夹扁工装与 7# 闸阀连接，如图 5-4-10 所示。

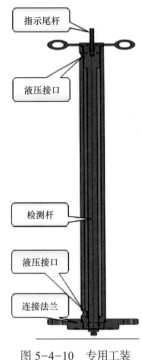

指示尾杆

液压接口

检测杆

液压接口

连接法兰

图 5-4-10　专用工装

（2）缓慢打开 4# 闸阀，对 4# 闸阀以上井口验封。

（3）验封合格后，打开 4# 闸阀至全开。

（4）将指示尾杆连接于探夹扁工装上部，手压泵与探夹扁工装液压接口连接，手压泵打压推动带导引槽的探头下行。

（5）带导引槽的探头下行过程中测量指示尾杆的行程，当带导引槽的探头无阻碍下行距离超过至 4# 闸阀与至 1# 闸阀之间的高度，说明至 1# 闸阀位置处的连续管完好（若带导引槽的探头无阻碍下行距离刚好在 1# 闸阀处遇阻无法通过时，说明 1# 闸阀处连续管被夹扁，起出带导引槽的探头，更换铅印探头，通过铅印探头的变形大概判断连续管被夹扁程度，如果连续管夹扁变形严重，关井请示采气厂压井起管或换井）。

（6）起出带导引槽的探头，旋塞阀放气泄压，关闭 4# 闸阀拆除小四通和 8# 闸阀，并用盲板法兰封堵 8# 闸阀处的流程管线。

5. 打入旋转式管内堵塞器

（1）安装一层脚手架平台，确认 7# 闸阀连接的流程法兰处安装了盲板法兰。

（2）打开 5# 闸阀和 7# 针阀生产，降低井内压力。

（3）将转换法兰、操作窗（配放空旋塞阀）、管内堵塞器专用送入工装安装在采气树 4# 阀上部。

（4）打开操作窗，将管内堵塞器与专用工装送入杆连接后关闭操作窗。

（5）打开 4# 闸阀，手压泵打压驱动送入工装送入杆向下移动至最深位置，然后使用摩擦扳手转动送入杆带动旋转式管内堵塞器坐封［每旋转 5 圈，控制送入中心杆向下移动 1cm，如中心杆向下遇阻（手压泵油压升高）则停止送入中心杆］，摩擦扳手旋转困难时说明管内堵塞器已坐封。

（6）打开旋塞阀井口泄压，观察井口压力下降情况直至完全放空，关闭旋塞阀等待 15min 验封，此时压力不升高，说明管内堵塞器坐封良好（若上升，使用摩擦扳手进一步转动送入杆使管内堵塞器加强密封），直至管内堵塞器验封合格。

（7）井口泄压后打开操作窗重新安装一个旋转式管内堵塞器，重复步骤（4）至（6）打入第二个管内堵塞器（若井口仍无法验封合格，上紧悬挂器顶丝，排除悬挂器胶筒泄漏的可能）。

（8）验封合格后将送入杆起出 4# 闸阀以上，关闭 4# 闸阀。

（9）依次拆除管内堵塞器专用送入工装、操作窗、转换法兰等。

6. 安装滚压式连接器

（1）将滚压式连接器插入管口，按照要求用滚压工具先滚压任一道槽至设计深度，用内六方扳手逆时针方向旋转滚压式连接器内的旋转轴压缩胶筒密封。

（2）按要求滚压其他两道槽。

（3）将旋转接头与滚压式连接器相连。

（4）在井口连续管上打一个光杆卡子（额定悬挂载荷 8t），然后拆卸掉固定器压紧盖，随后拆掉光杆卡子。

7. 连续管回接

（1）将主卡瓦与固定器用铁丝相连（便于取出卡瓦），按照由上至下顺序依次连接注入头、防喷盒、4YSFZ6-70 型防喷器、转换法兰、操作窗、单闸板防喷器（悬挂器胶筒滑动漏气时需安装），用 25t 吊车主吊钩吊起。

（2）滚筒上的连续管从注入头穿入，直至穿出操作窗下法兰 0.5～1m。

（3）移动吊车，使滚筒上的连续管与井口连续管上的旋转接头连接，缓慢松开注入头夹持块，缓慢下放注入头对接井口并上紧。

（4）缓慢松开悬挂器顶丝，利用井口压力验封井口，并用气体检测仪检验井口的密封性，井口压力稳定后，上紧顶丝，旋塞阀完全泄压，关闭旋塞阀，观察 15min，井口压力不上升说明密封合格。

（5）验封合格后，打紧注入头绷绳或使用支腿固定注入头。

8. 上提解卡

（1）确保操作窗关紧，启动防喷盒动密封，调节悬挂器顶丝至动密封状态，启动注入头夹紧机构夹住连续管（确保注入头夹持力具有至少上提 12t 不滑移的能力），缓慢上提连续管 150～200mm（注意上提过程中的上提力），保持注入头夹持块的夹紧力，然后上紧悬挂器顶丝。

（2）打开放空旋塞阀泄压后关闭旋塞阀，5min 内压力不上升说明悬挂器胶筒密封良好。

（3）启动四闸板防喷器的悬挂闸板，打开操作窗，在液压操作窗下操作口塞上棉纱（防止主卡瓦座脱落后撞击井口），用卡瓦推板压住主卡瓦座，启动液压操作窗活动缸下推卡瓦推板拆卸主卡瓦，然后拆掉固定器卡瓦。

（4）拆卸完固定器卡瓦后，关闭操作窗（如果液压操作窗使用的液压源是从其他工作机构上临时借用，操作窗关闭后需马上恢复）和旋塞阀，调节悬挂器顶丝至动密封状态。

9. 连续起管

（1）保持注入头夹紧状态，松开四闸板防喷器的悬挂闸板，注入头缓慢上提连续管至滚压式连接器与滚筒接触，滚压式连接器在经过鹅颈管过程中，提前将鹅颈管上的导轮盒打开。

（2）放慢滚筒缠绕速度，注意滚压式连接器弯曲情况，必要时在内连接器与滚筒接触处下方垫棉纱，管塞所在位置的连续管与滚筒接触时，注意观察管塞有无戳破连续管，必要时在管塞位置与滚筒接触处下方垫棉纱。

（3）保持注入头夹持力，启动四闸板防喷器悬挂闸板悬挂连续管，安装连续管在线检测装置。

（4）松开悬挂闸板，继续用注入头起连续油管，安排专人在注入头正前方 10m 外（最好为上风方向）观察起管过程中的井口情况，发现异常立即报告现场总指挥。

（5）参考连续管速度管柱下入深度数据，当井内连续管长度距离井口 500m 时，将连续管起出速度降至 10m/min，距离井口 200m 时起管速度降至 5m/min，距离井口 100m 时起管速度降至 1～2m/min，最后 50m 时每起出 4m 试关闭 1# 闸板一次。

10. 尾管倒流程

（1）管子尾端通过 1# 阀后，关闭 1# 阀和 2# 阀，对连续管管内气体放空泄压，当压力降到一定程度不再下降时，关闭 6# 针阀，打开旋塞阀将连续管内气体彻底放空泄压，直至 1# 闸阀以上井口压力为零。

（2）拆注入头，并用吊车将其吊至地面用支腿支稳。

（3）滚筒缓慢回缠直至管口收缩至排管器位置，管头打光杆卡子。

（4）起管作业完成后，按顺序拆去防喷器、操作窗、单闸板防喷器（若安装有）、悬挂器，根据甲方要求恢复原采气井口。

11. 恢复井口

按照生产流程设计要求安装井口，并将井口生产闸阀与生产针阀连接，检查安装井口的密封性。

第六章　压缩机气举排水采气

气举排水采气技术是气田水淹井复产最经济有效的举升工艺，该技术是利用高压气源或增压设备将高压气体（天然气或氮气）注入井筒，利用高压气体能量使井底积液从油管（或油套环空）返排至地面，达到增大生产压差、恢复或提高气井产能的目的[29]。国外 20世纪 70 年代开展气举排水采气工艺技术研究和试验，其中以苏联和美国为代表。2000 年以来，靖边气田有水气井出现水淹停产，气举复产技术以液氮诱喷、连续油管 + 高压氮气气举排液、高压氮气气举、井间互联井筒激动排液复产工艺为主[30-31]，这些工艺技术以其各不相同的优点在积液停产气井的排液复产中一直发挥着重要作用。

第一节　主要装置及工艺流程

一、工艺流程

气举过程中注入的气体介质主要为氮气及天然气。

氮气气举的作业方式主要有两种：一是常规氮气气举工艺，利用增压车将氮气从油管（油套环空）注入，积液从油套环空（油管）返出（图 6-1-1）；二是利用连续油管将高压氮气从油管中注入，积液从连续油管与油管的小环空中返出（图 6-1-2）。氮气气举利用制氮车将空气中的氮气分离出来，气源不受环境限制，但制氮车排量较低，运行费用高。

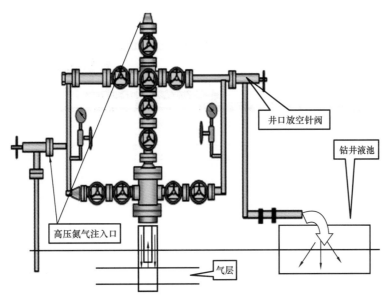

井口放空针阀

钻井液池

高压氮气注入口

气层

图 6-1-1　常规氮气气举工艺流程图

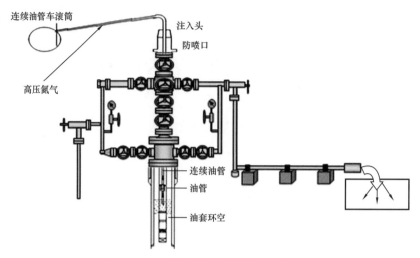

连续油管车滚筒
高压氮气
注入头
防喷口
连续油管
油管
油套环空

图 6-1-2　连续油管氮气气举工艺流程图

　　天然气气举根据其气体来源主要有两种方式：一是井间互联气举，该工艺是将高压气井的天然气作为气源，通过集输管线送往低压井（图 6-1-3），可利用高压气井的天然能量，具有投资少、成本低的优点，但气举效果受到气源井的压力影响，难以维持稳定，应用范围受限；二是天然气压缩机增压气举，该工艺是利用增压设备将外输管线内的天然气增压后作为气源注入井筒，气液混合物返出井口，经分离后的天然气再返回压缩机增压，供气举井循环使用，气举井自身生产的天然气除继续供给压缩机作为原料气外，多余部分进入外输管线，对于单井仅有一条集气管线的气井，利用该工艺仅需要井口增压设备即可完成气举作业，工艺流程简单，投资费用低，是目前长庆油田采用的主要气举复产方式（图 6-1-4）。

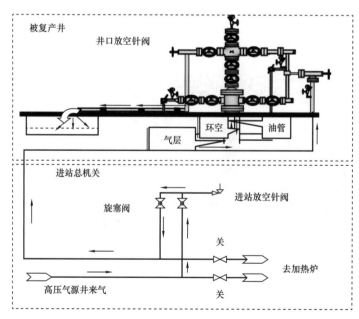

被复产井
井口放空针阀
环空
油管
气层
进站总机关
旋塞阀
进站放空针阀
关
去加热炉
高压气源井来气
关

图 6-1-3　井间互联气举工艺流程图

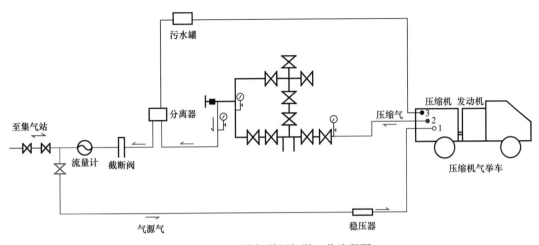

图 6-1-4 天然气增压气举工艺流程图

1—天然气进口；2—压缩机高压气体出口；3—分离器液体出口

二、主要设备

根据作业过程中是否下入井下气举阀，气举工艺分为两类。其中一类是光油管气举，该工艺无须井下工具，作业设备仅需要井口增压装置（压缩机）及地面流程连接管线，高压气体注入井筒后，经管鞋处进入油管（反举）或油套环空（正举），适用于产液量较小的气井间歇举液。对于地层产水量大的气井，井下通常下入多级气举阀降低注入压力，并根据气井生产特点选择气举工作筒及管柱结构。长庆油田气井产液指数低，气举阀主要用于气井压裂后排液，生产后期用于排水采气[32-33]。

天然气压缩机是提供高压气源的重要设备，一般采用往复活塞式压缩机，根据其结构分为整体式和分体式两大类。整体式压缩机的动力机和压缩机共用一根曲轴，国内气田常用整体式天然气压缩机，其结构如图 6-1-5 所示。

分体式天然气压缩机的动力机和压缩机各自相对独立，结构如图 6-1-6 所示。动力机常用电动机、柴油发动机和天然气发动机。

车载式压缩机是分体式压缩机的一种，主要用于气井间歇气举或水淹气井复产，由于其具有机动灵活、实施成本低等特点，是目前长庆油田主要应用的气举增压设备（图 6-1-7），常用车载式压缩机技术参数见表 6-1-1。

表 6-1-1 车载式压缩机主要技术参数

型号		CFY400	CCTY300	CRTY300	CZ/FTY300H	CZ/FTY250H
工艺性能参数	进气压力 /MPa	0.5~2.0	0.5~2.0	0.4~2.0	0.5~2.0	0.5~2.0
	排气压力 /MPa	10~25	10~25	15~25	15~25	10~25
	排气量 / (10^4m³/d)	2.6~9.9	1.9~6.7	2.4~6.2	2.2~5.0	2.3~5.5

续表

型号		CFY400	CCTY300	CRTY300	CZ/FTY300H	CZ/FTY250H
压缩机车配置参数	发动机	发动机型号	VOLVO TAD1641VE	CAT C15	CAT G3408	CAT 3408C	CAT C15
		额定功率 /kW	420	300	298	321	317
		额定转速 /（r/min）	1500	1500	1800	1500	1800
	压缩机	压缩机型号	FY400	FY400	CFA34	JG/4	JGA/4
		制造厂	成压厂	成压厂	美国 COOPER	美国 ARIEL	
		机身功率 /kW	400	400	433	376	417
		转速 /（r/min）	1500	1500	1800	1500	1800

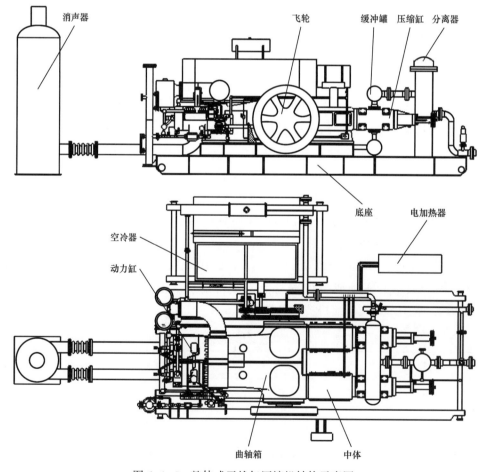

图 6-1-5　整体式天然气压缩机结构示意图

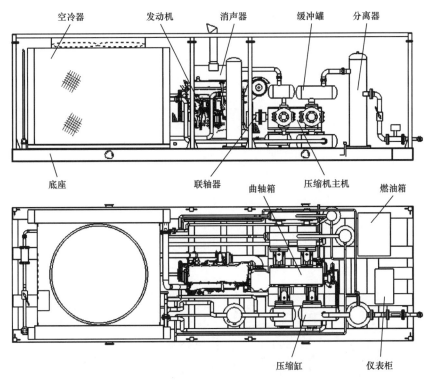

图 6-1-6　分体式天然气压缩机结构示意图

图 6-1-7　车载式压缩机外观图

第二节　连续循环气举技术

连续循环气举技术的原理是压缩机连续不断地将产自本井或邻井的天然气增压回注入井中，从而提高低产井天然气的流速和携液能力[34-36]。

一、主要装置

压缩机气举排水采气工艺装置设备见表6-2-1，各设备实物图如图6-2-1至图6-2-4所示。

表6-2-1 主要设备

序号	名称	数量	单位	压力等级
1	车载式大型压缩机	1	台	35MPa
2	小型压缩机	1	台	25MPa
3	橇装式三相分离器	1	具	25MPa
4	产出水罐	2	具	

图6-2-1 车载式大型压缩机（35MPa）

图6-2-2 小型压缩机（25MPa）

图 6-2-3　橇装式三相分离器

图 6-2-4　产出水罐

二、工艺流程

连续循环气举大致有产自本井的天然气增压回注和干管（或邻井）气增压回注两种工艺流程，分别如图 6-2-5 和图 6-2-6 所示。

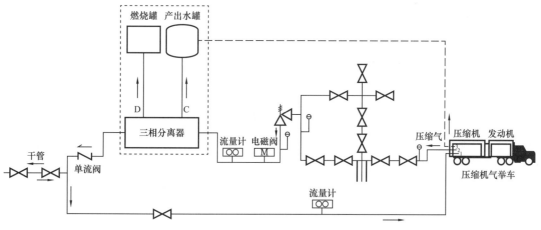

图 6-2-5　干管气气举工艺流程图
1—天然气进口；2—压缩机高压气体出口；3—分离器液体出口

干管气气举工艺：干管来气—地面管线—压缩机—被举井油套环空—油管返出—生产针阀—分离器分离—气体现场点燃或通过地面管线进站（产出水进入产出水罐）。

增压回注气举工艺：本井气源气—分离器—压缩机—被举井油套环空—油管返出—生产针阀—气液分离—经采气管线进站。

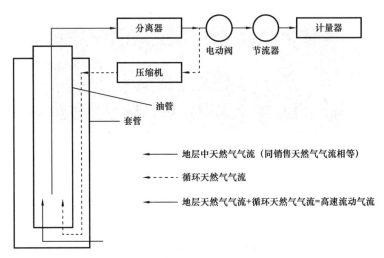

图 6-2-6 增压回注气举工艺流程图

1. 井口增压

井口增压气举工艺流程如图 6-2-7 所示，利用干管或邻井天然气作为气源，通过地面管线，经压缩机增压后回注入气井油套环空，辅助增大井筒气量，保证生产气量始终大于临界携液流量，确保气井平稳生产。

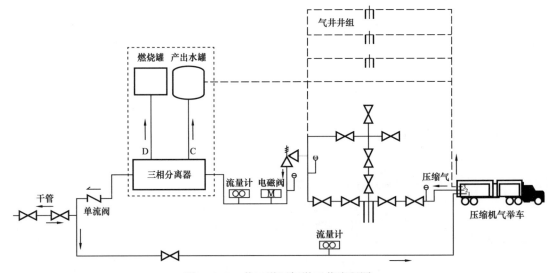

图 6-2-7 井口增压气举工艺流程图

考虑到井口没有外电等因素，优先选用车载式压缩机或橇装式压缩机。同一井场一台压缩机可同时增压几口气井连续持液生产。

2. 集气站增压

集气站增压气举工艺流程如图 6-2-8 所示，集气站多井集中连续排水。在集气站建设增压站，沿输气干管敷设高压注气管线，将高压气配送至单井。

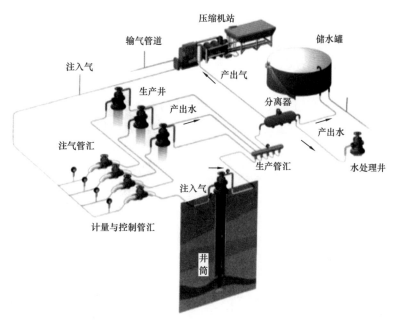

图 6-2-8　集气站增压气举工艺流程图

集中建压缩机站：集气站取气增压→集气站计量和配气→单井连续气举。

三、压缩机选型

1. 井口增压

气举复产时，考虑逐井复产，压缩机出口压力取最高关井压力 25MPa，按照瞬时注气量 1200m³/h，即注气量大于 $3×10^4$m³/d 考虑，满足单井气举复产注气量[37-38]。

连续气举生产时，多口气井同时生产，压缩机出口压力仍按 25MPa、按不积液生产时携液流量大于 5000m³/d 考虑，即注气量应在 $2.5×10^4$m³/d 以上，满足 5 口气井单井气举注气量。

综合以上情况，以 5 口井核算，机组总压气量在 $3×10^4$m³/d 以上；以 10 口井核算，机组总压气量在 $5×10^4$m³/d 以上，以此同理计算其他气井的总压气量。

考虑到长庆气田地层流压、井深、携液生产气量以及气源压力等因素，压缩机技术指标如下：

（1）排气压力不大于 25.0MPa。

（2）进气压力 0.5～5.0MPa。

（3）最小排量 $5×10^4$m³/d。

2. 集气站增压

注气增压压缩机设置于集气站内，压缩机气源取自集气站增压后中压天然气，吸入压力为 0～5.0MPa，分别按以下工况参数计算压缩机功率。

气举复产时，压缩机出口压力取最高关井压力 25MPa，按照瞬时注气量 1200m³/h，

即注气量大于 $3 \times 10^4 m^3/d$ 考虑，满足单井气举复产注气量。

连续气举生产时，多口气井同时生产，压缩机出口压力仍按 25MPa、按不积液生产时携液流量大于 5000m³/d 考虑，即注气量应在 $5 \times 10^4 m^3/d$ 以上，满足 $0.5 \times 10^4 m^3/d$ 的 10 口气井单井气举注气量。

综合以上两方面情况，以 5 口井核算，机组总压气量在 $3 \times 10^4 m^3/d$ 以上；以 10 口井核算，机组总压气量在 $5 \times 10^4 m^3/d$ 以上，以此同理计算其他气井的总压气量。

压缩机组技术指标如下：

（1）排气压力不大于 25.0MPa。

（2）进气压力 0.5～5.0MPa。

（3）最小排量 $5 \times 10^4 m^3/d$。

第七章　其他排水采气技术

长庆油田经过多年攻关研究，形成了以"泡沫排水、速度管柱、柱塞气举"为主体的排水采气技术系列，支撑了气田长期稳产。但该三大主体技术对于气田富水区产水量大的气井适用性差。因此，近年来针对富水区块大水量气井，开展了抽油机、电潜泵、螺杆泵、射流泵等其他排水采气技术研究。

第一节　抽油机排水采气技术

抽油机是最常规的排水采气工艺，它是通过抽油机驱动井下深井泵的柱塞上下运动，将旋转运动转化为抽油杆的往复运动，不断抽汲并排出井筒内积液，恢复气井生产的一种基于机械降压原理的排水采气技术。同时结合致密气田低成本开发需要，采用空心抽油杆对机抽工艺进行改进，形成机抽—速度管复合排水采气工艺[38]。

一、工艺原理

机抽—速度管复合排水采气工艺是将机抽和速度管柱排水采气工艺结合使用，同时由于空心抽油杆可以作为气体和化学剂的注入通道，从而使以前不能组合使用的泡排、气举、机抽、速度管柱等工艺可自由组合[29]。

为了实现速度管柱和机抽排水采气，根据速度管柱和机抽排水采气的各自特征，使用空心抽油杆对机抽工艺进行改进，改进后的结构如图7-1-1所示。工作原理如下：当井筒积液严重需进行机抽排采时，阀门和单流阀为关闭状态，流体则通过小四通进入外输管线，实现机抽排采；当机抽强排一段时间后，若积液减少，则停止机抽，打开阀门和单流阀，利用空心抽油杆尺寸小的特点，实现速度管柱排采，此时井内流体可同时从小四通和高压软管进入外输管线。

为避免气锁发生，机抽—速度管复合排水采气工艺使用空心防气排水采气专用泵，如图7-1-2所示。防气泵是在普通抽油泵基础上改进而来，是排水采气专用泵，它用环形承载阀替代了普通抽油泵的上游动阀，因此承载阀的启闭不但受油管内液压的作用，同时还受到拉杆对它的摩擦力作用，这样提高了环形承载阀启闭的及时性，改善了井液进、出泵的状况，大大提高了抽油泵对高气液比油井的适应性，从而提高了抽油泵的抽汲效率。

机抽—速度管复合排水采气工艺需要采用偏心气锚分离器。偏心气锚分离器入井后连接在油管最下端，由于偏心接头及弓形簧的作用，工具在井下偏向一侧，从而形成两边大小不等的一个偏心流道，当井下产出液流入偏心流道后，气体大部分从流道较宽的一侧逸出，而含气量很低的流体通过位于流道较窄一侧的进液孔流入工具内部，为抽油泵供液。

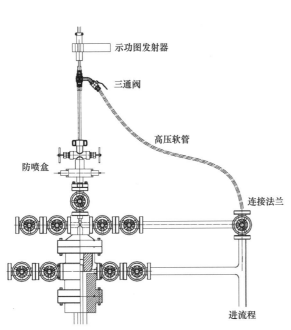

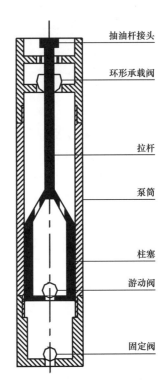

图 7-1-1　机抽—速度管排水采气井口示意图　　图 7-1-2　防气泵结构示意图

机抽—速度管复合排水采气工艺有以下特点：（1）实现了多种排采工艺的联合使用，增加了工艺的适应性；（2）根据气井的产水量多少，可以灵活调整排水采气工艺，无须更换排采设备，降低了调整排采工艺所产生的成本，具有显著的经济效益；（3）当气井不需要机抽进行强排而转为速度管柱或其他工艺进行排采时，抽油机可移至其他井口，实现了抽油机的重复利用；（4）可采用气举的方式清除井底污物，减小了砂卡导致机抽失效的可能性；（5）游动阀及固定阀均由抽油机的动力及空心泵上部空心抽油杆的重力带动以实现强制启闭，避免了由于气锁、砂卡导致游动阀、固定阀无法正常启闭而使机抽失效。

二、适用范围

机抽排水采气是气田进入中后期维持气井生产的重要措施之一，具有工艺井不受采出程度的影响、理论上能把天然气采至枯竭、特别适合低压井等特点。对于储层产水量大、动液面高、具有一定产气能力的水淹气井，用泡排、气举等排水采气工艺已经不经济，采用井下分离器、深井泵、抽油机等配套设备排水采气，一次性投入，有效期长。

三、选井原则及参数设计

1. 工艺选井原则

抽油机深井泵排水采气工艺适用于水淹井复产、见喷井及低压小产水量气井排水[34]，一般应用条件如下：

（1）排水量：10～100m³。

（2）泵挂深度：小于2700m。

（3）产层中部深度：1000～2900m。

（4）压力：地层压力2.4～26MPa，变产后套压1.5～20MPa。

（5）温度：小于120℃。

（6）腐蚀介质：矿化度（Cl⁻含量）10000～90000mg/L，二氧化碳不大于115g/m³，不含硫管串适用于0～300mg/m³的低含硫气井，防硫管串基本适用于26g/m³以下的含硫气井。

2. 工艺参数设计

标志机抽排采设备使用范围的两个基本参数是下泵深度和泵的排量。泵挂深度根据射开各气层的深度，分析气井的主要产气层位，抽油机的泵挂深度应位于主要产气层的下部，以避免气体进入工作筒造成气锁，同时也能增加抽油机的抽液能力。泵径根据单井产液量预测、抽油机型号、冲程、冲次等因素综合考虑，一般来说，长冲程低冲次更能保证气井的抽液能力，因此在确定抽油机的型号后，采取最大的冲程，并结合电动机型号优化冲次，在此基础上以35%的泵效计算单井产液量，确定抽油机的泵挂。抽油泵参数设计如下（图7-1-3）：

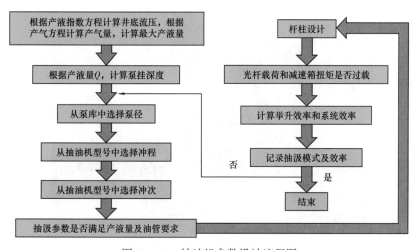

图7-1-3　抽油机参数设计流程图

（1）设计思路：对于机抽排采，主要包括抽油机型号规格、泵径、泵挂深度、抽油杆组合、冲程、冲次等参数的确定。

（2）初期参数设计：现场抽油机型号已经确定，在进行工艺设计时，尽可能让抽油机在最大负荷、最大冲程下工作。根据气井目前地层压力、停产前产水量，应用软件进行抽汲参数初选。

（3）参数优选：重点在于优化最大下泵深度、最大冲程和最大下深。最大下泵深度是有杆泵工艺优化设计的关键技术，受三方面影响和限制，即抽油机"驴头"悬点最大载荷、减速箱输出轴最大允许扭矩、抽油杆的许用应力。

（4）生产阶段预测。

第一阶段为油管采液套管不采气。该阶段初期采用发挥采能生产制度，第一阶段井底积液严重，考虑系统整体效率，采用发挥采能排液制度，此阶段井筒油套压反应迅速，运行时，油套压近乎相同。

第二阶段为油管采液套管采气。第一阶段实施初见成效，计算井底积液下降到射孔段周围即可进入第二阶段生产。在抽汲过程中预计地层水会进入井中，经过发挥采能制度预计有效抽汲一段时间可将井底积液抽到射孔段附近，从而进入第三阶段生产。

第三阶段为利用空心抽油杆采气。通过第一阶段、第二阶段机抽运行，当得到一定产量、套压明显上升时，开始进入第三阶段生产。预计此阶段气井恢复正常生产，并使得气井通过自身能量将井底积液排出。当气井产量升至临界流速后，即可采用速度管柱工艺。

四、现场应用

为探索机抽—速度管排水采气工艺的适应性，在长庆气田 X 井进行了试验验证（图 7-1-4）。根据气井参数及地质特点，考虑气井排水采气工艺，泵效按 50% 计算，泵径为 38mm，最大理论排量达到 32.66m³/d，最大排液量达到 16.3m³/d，机抽工艺设计参数见表 7-1-1。

图 7-1-4　X 井机抽排水采气现场

表 7-1-1　X 井抽油机参数

泵径/mm	下泵深度/m	冲程/m	冲次/min⁻¹	抽油杆	最大载荷/kN	最大应力/MPa	许用应力/MPa	应力范围比	备注
38	2450	4.3	4	ϕ42mm×350m	111.5	164.34	230.72	0.48	最大悬点载荷111.5kN，最小悬点载荷69.46kN
				ϕ36mm×1150m	92.9	137.01	221.25	0.39	
				ϕ34mm×1000m	76.9	95.28	206.72	0.27	

X井于2018年6月28日至2018年10月25日试验生产期间，经过120天试运行，工作油压上升至6MPa左右。累计排液的工作时间为34天，日均排液15m³，累计排液472m³，日均产气0.05×10⁴m³，累计产气2.2×10⁴m³。机抽运行期间，抽液效果良好，平均采液达到正常生产期间出液水平。气井由不采转为间歇生产。通过机抽强排地层水，降低了相对富水区地层压力，影响水体推进方向，提高邻井产能，两口邻井产量由2.6×10⁴m³/d增至6.9×10⁴m³/d，两口邻井累计增产342.3×10⁴m³，效果明显。该工艺对富水区高效开发具有重要的指导意义，前景广阔。

第二节　电潜泵排水采气技术

电潜泵作为一种经济而有效的人工举升方法，已在产水油气田获得广泛应用。国外1980年初，国内1990年以来，相继将电潜泵用于气藏的强排水，并取得了一些成功的经验，为致密气电潜泵排采提供了理论依据和技术支持。

一、工艺原理

电潜泵是将电动机和多级离心泵一起下入油井液面以下进行抽油的举升设备。具体工作原理为：地面电源发出的电能通过变压器、控制屏沿着井下电缆输送给电动机，多级离心泵的叶轮在电动机的带动下快速旋转，将电能转换为叶轮的机械能并把井液举升到地面（图7-2-1）。此项工艺主要包括以下两方面的技术。

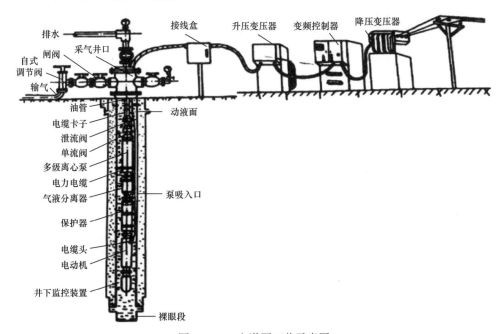

图7-2-1　电潜泵工艺示意图

（1）井筒离心式气体分离技术。此项技术借助离心式气体的专业化仪器来实现，此项设备用来有效分离井液中的游离性气体，一般作为泵的注入端口，有效固定在泵的下方，其可以将液体中的游离气体在正式入泵之前分离开来,从而让专业的离心泵装置可以更好地实现在井中工作,以切实达到提升泵效的效果。专业化的现场测试证明:当离心泵装置转速在4000r/min以上时,气体分离的效果较为优异,其可以有效契合气井助排当中油管排水的具体工艺需求。此项技术的运作机理是:当井中的气液两相流体借助专业分离设备被传输到导轮增压之后,再进入导向叶轮,此设备让流体非直线状态瞬间转变成为直线运动状态进入分离腔扩容,其内部高效率运作的分离设备转子所产生的离心力让流体中密度较高的液体被传输到了转子外部,而密度相对较小的则集合在轴周边,被分离的液体与气体借助交错导轮分别传输到专业离心泵的油套环空当中。

(2)变频管控技术。此项技术借助变频管控器得以有效运作,此项设备是保障电潜泵平稳化运作的基础防护装置,其对于井下电动机具有反相防护等多样化的功能,管控器上配备有多样的记录仪表,可自动化记录与显示井下电动机的多项参数,其中变频管控器作为电潜泵的无极控速设备具有以下几个方面的优势特征:① 全面扩张了相同类型泵送的运作范围,借助调控频率的方式可以有效转变泵送的排量,可以针对黏稠度较高的液体运用多样化的运行模式;② 可以有效实现8~12Hz的软启动,显著控制了电力系统的开启应力,以进一步提升了井下机组的使用周期;③ 可以让井下电动机不再受限于地面供应电源的非正常情况影响;④ 因为有效实现了多级调速,可以让泵工作在高效点,全面提升了电泵系统的运作效率。

二、适用范围

与其他排采工艺技术相比,电潜泵排采工艺具有设备结构简单、效率高、产量大、好控制等优点。在非自喷高产井、高含水井和海上油田应用广泛,是油气藏开采中后期强采的主要手段之一,能有效实现油气田的稳定生产,达到更高经济效益。近年来,随着国际公司致力于电潜泵生产技术的研究,使其达到了大排量、大功率、高可靠性、耐高温、耐高压等目的。随着计算机技术的发展,电潜泵采油工艺技术逐渐向自动化、智能化和遥控监测方向发展,极大地提高了电潜泵的适用范围和使用寿命,并显著降低了工业成本,特别适应于开发中后期低压水淹井的复产和气藏强排水。

三、选井原则及工艺设计

1. 选井原则

由于电潜泵具有排量大、扬程高的特点,同时电潜泵机组本身对井况的要求较高,因此,使用电潜泵进行排水采气应遵循以下选井原则。

1)地质要求

气藏排水:气井位于水侵方向,渗透率高、水量大。

单井排水:剩余储量大、压力低、井深、水量大。

2)井筒要求

泵机组最大投影尺寸与套管内径匹配;原先生产油管未断落;套管具有抗腐蚀能力与

较长使用年限。

出砂不严重；井底温度不高于150℃；井下流体腐蚀性有限。

机组入井通过狗腿度小于15°/30m，泵挂处狗腿度小于3°/30m。

3）场站要求

具有符合电潜泵机组正常运转的电源；完备的水处理系统。

2. 工艺设计

在电潜泵工艺设计过程中，考虑到气井"变气液比，变产液指数"的生产特点，在泵分离器选择上进行了优选。

1）泵型优选

对于低压气水同产井，离心泵采用多种类型离心泵串联组合，一级泵采用排量稍大的多相流泵或增压泵，二级泵采用排量稍小的常规泵。当富含气体的流体进入第一级泵时，多相流泵的特殊叶轮设计能够将游离气打成气泡混在水中，同时超大平衡孔能提高气体通过泵的能力，从而整体提高多相流泵对气体的适应能力。当流体进入第二级泵时，气体体积已经被压缩，需要的泵的排量相比第一级泵小，这种径向流、混向流及气体处理泵组合的方式，有效解决了单一径向流泵对高气液比影响大和单一混向流泵扬程低的问题，如图7-2-2所示。同时随着FLEX系列宽幅泵的出现，泵能够在更宽的范围内工作，从而更好地适应井下气水产出情况的变化。

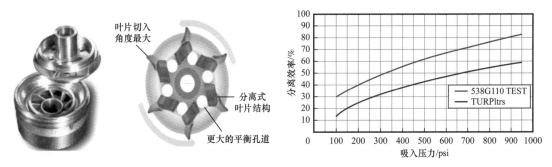

图7-2-2　多相流泵示意图及气体处理能力曲线图（上方曲线代表多相流泵）

2）分离器优选

针对排水采气工艺井，在优选分离器方面，选择了有交叉流道、大角度螺旋导流叶轮、能处理不同气液比的高效分离器，并使分离器工作效果覆盖设计井整个可能出现的产能范围。

3）电潜泵专用井口装置

井口装置安全系数方面充分考虑泵挂深度、电缆、电动机、油管自重及满井筒水重量等因素。国内采用国外最先进的BIW井口穿越系统，保护了电缆的整体性，大幅度提高了电潜泵专用井口的整体承压等级，快速插座式连接使操作更方便、快捷。电潜泵机组正常运行期间，井口套压达8.5MPa，较过去电潜泵井口3MPa的压力等级有显著提高。并在井下机组出现故障后，为了维持气井的排水采气要求，利用电潜泵完井管柱进行气举排水生产，井口套压最高达 18MPa，并且避免以往气体特别是含硫气体沿电缆上窜至井口造成人员伤害的现象，降低了安全风险。

4）自动换向阀

自动换向阀安装在泵出口处，或者根据需要安装在油管的任何部位，取代传统的单流阀和泄油阀。电潜泵排水初期，关闭油管与环空：若气井能够复活一段时间，则通过油管自喷生产；可以根据产能情况确定采用油管或套管生产，最大限度地保持气井最大携液自喷生产；若电潜泵停止运转，油管与环空可在此处连通，可以注入泡排剂，或者实施气举排液（电潜泵出现故障停机时）来维持气藏排水，不致因电潜泵检泵或待料期间导致气藏水侵加剧。

5）井下监测系统

传统的井下监测系统只能监测井下电动机温度，采用先进的井下监测系统，在变频器或二次仪表上实时显示电动机温度、机组振动、泵吸入口压力、泵出口压力、运行电流、电压等参数，帮助技术人员更好地分析井下机组工况，及时调整运行参数，合理制定工作制度等。

6）电缆保护器

在管柱下入过程中，电缆与套管之间的摩擦无法避免，特别是在油管接箍位置，容易摩擦造成电缆的损坏，采用电缆保护器对电缆实施保护，在接箍位置对其上下两端采用螺栓固定，可利用气动扳手快速装卸，操作方便。

四、现场应用

为探索电潜泵排水采气工艺的适应性，在长庆气田 Y 井进行了试验验证。根据气井参数及地质特点，电潜泵设计时，采用外径 101.6mm 离心泵配合外径 114.3mm 电动机，将泵挂深度确定为垂深 3190m，主要设备见表 7-2-1。

表 7-2-1　试验井电潜泵主要设备列表

序号		设备名称	数量	单位
1	泵系统	电动机 MSP1 180hp/1175V/59A	1	台
2		保护器 SEAL FSB3DB X H6 FER SSCV AB/AB PFSA	1	台
3		分离器 GASSEP 400GSV X M FRS FER NO_PNT	1	台
4		离心泵 PMP G12SSD 219 ST	1	台
5		泵出口 DSCHG B/O PMP 400 $2\frac{7}{8}$in BGT 416SS	1	个
6		主电缆 4SOLBC CELF 5kV 90 LD B SS F	3500	m
7		小扁电缆 MLE450 120 5KLHT 2P MNL2REPLACES S	2	盘

序号	设备名称		数量	单位
8	泵系统	井下传感器 Well LIFT-H	1	个
9		引压管线 TBG SS 316-L	1	盘
10	地面变频设备	升压变压器 XFMR 260kV·A 480/969-3837 3PH PAD OIL	1	台
11		变频器 ESPD 2150 4GCS 260kV·A6P	1	台
12	小扁电缆保护卡	高压井口电缆穿越 WELLHEAD FEEDTHRU ASSEMBLY 5kV 100A，WITH 12ft OF CABLE SST SHELL	1	套
13		高压防爆地面电缆接头 SURFACE CONNECTOR ASSEMBLY 5kV 100A，328ft	1	套
14		过油管电缆保护器 CROSS COUPLING CABLE CLAMP $2^7/_8$in BGT-1#4 FLAT	300	个
15	电潜泵专用井口	KQ65-35 电潜泵专用井口	1	套

2017年1月，Y井开始试验，截至2017年6月故障停运，累计运行2236h，累计产水量2800m³，累计产气量25.1×10⁴m³，停运前日均排水量30m³，日均产气量0.37×10⁴m³（图7-2-3）。机泵整体运行分为五个阶段。

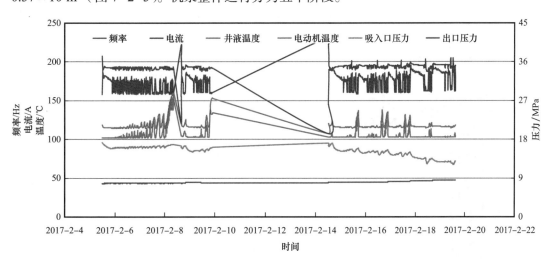

图7-2-3　试验井阶段机泵运行参数

低频试运行阶段：41.5Hz运行时，泵吸入口压力16.95～17.61MPa，运行电流159～176A，电动机温度113～145℃，日产水量由30m³降至12m³，基本不产气。因产水不连续，提频至41.8Hz，泵吸入口压力16.71～17.27MPa，运行电流在160～180A范围波动，电动机温度113～143℃，日产水量由20m³降至10m³，分离器呈间歇排液规律，且排液间隔周期逐渐变大。该阶段累计运行92h，排液量68m³。

逐步提频、提高排量阶段：该阶段逐步提高频率，以 0.5～1Hz 幅度由 43Hz 提频至 50Hz，产水量 28～64m³，提频初期水量增幅 4～6m³，之后逐渐下降；产气量逐渐上升至 0.3×10^4m³/d；井底流压由 16.21MPa 降至 10.48MPa。

50Hz 下运行阶段：日产水量由初期 40m³ 逐渐降至 28m³，日均产气量 0.26×10^4m³，运行电流 170～211A，泵吸入口压力在 10.34～10.89MPa 范围波动。整体运行平稳，但产水量呈持续下降趋势。

50.5Hz 下运行阶段：进站压力为 2MPa 时，日产水量 32～38m³，水量整体平稳，日均产气量 0.34×10^4m³，运行电流 168～215A，泵吸入口压力在 9.99～10.78MPa 范围波动。后站内增压生产，系统压力升至 3～3.2MPa，该阶段日产水量由 28m³ 降至 24m³，日均产气量 0.32×10^4m³，泵吸入口压力为 10.97～11.45MPa 波动。

51.3Hz/52Hz 下调试运行阶段：日产水量 26～32m³，日均产气量 0.39×10^4m³，运行电流 170～220A，泵吸入口压力在 11.05～11.55MPa 范围波动。

第三节　螺杆泵排水采气技术

螺杆泵是以液体产生的旋转位移为泵送基础的一种新型机械采油装置。它融合了柱塞泵和离心泵的优点，无阀、运动件少、流道简单、过流面积大且油流扰动小。由于它能处理固体，故螺杆泵在采油工程上作为稠油开采工艺设备得到了广泛应用。螺杆泵作为煤层气及天然气井排水采气工艺设备目前尚处于试验阶段。若排水采气井符合浅井、低井温、流体排量较高、产出物中含有固体等情况，也可推荐使用螺杆泵[35]。

一、工艺原理与技术特点

按驱动方式不同，螺杆泵可分为地面驱动和井下驱动两类。

地面驱动螺杆泵是利用地面单螺杆泵（属推进式容积泵）原理，通过地面驱动装置转动，将扭矩传递给井下抽油杆，抽油杆借助井下螺杆泵的螺杆（转子）的螺纹转动和泵筒（定子）的螺纹槽啮合，密封空间在泵的吸入端不断形成，使井液自吸入密封室，并沿着螺杆轴向连续地推移至排出端，将封闭在各空间中的井液不断排出。犹如一螺母在螺纹回转时被不断向前推进那样，井筒积液或地层水从螺杆泵吸入口不断排出泵筒出口，通过油管排至地面。

如图 7-3-1 所示，地面杆驱动式螺杆泵举升系统一般由四部分组成。电控部分包括电控箱和电缆；地面驱动部分包括减速箱、驱动电动机、井口动密封、方卡等；

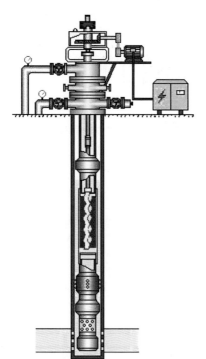
图 7-3-1　地面驱动螺杆泵示意图

井下泵部分包括螺杆泵定子和转子；配套工具部分包括专用井口、光杆、杆管扶正器、油管锚定工具等。

电动机通电后旋转，经过三角皮带和齿轮二级减速后，通过方卡带动光杆旋转。光杆通过抽油杆柱将动力传递给井下螺杆泵，螺杆泵将机械能转变为液体能，从而实现液体的有效举升。

井下驱动螺杆泵装置驱动方式为电动，它是另一种形式的电潜泵。其井下部分与离心式电潜泵类似，由电动机、保护器和螺杆泵组成，地面电能通过电缆传递给井下电动机带动螺杆泵旋转，将井液排到地面。

螺杆泵排水采气工艺特点如下：

（1）螺杆泵能损失小，经济性能好。因工作原理为啮合，密封空间推动流体介质，可输送高气液比、高黏度的流体介质或含一定固体杂质的流体。

（2）井下螺杆泵是一种特制螺杆泵，具备承受一定温度、压力的能力。

（3）螺杆泵运行维护费用低，耗电量小，一次投资少，无气锁现象。

（4）螺杆泵排水采气工艺在有水气藏后期开发具有较强的适用性。其泵效高，地面装置相对简单，尤其适合煤层气井排水采气。

二、主要设备

1. 井下设备

（1）抽油杆。其作用主要是传递扭矩至转子从而带动转子转动，一般选用抗扭抽油杆。

（2）扶正器。其作用主要是保护抽油杆，防止抽油杆发生偏磨，一般选用耐磨材料加工而成。

（3）螺杆泵由定子、转子和单流阀组成。定子就是泵筒，其螺纹槽是用耐高温、耐腐蚀、抗溶胀的橡胶复合材料制作成与一个大导程大齿高双头螺纹线槽和较小螺旋内径的螺杆（转子）定子相配的衬套嵌在泵筒的内表面。转子（单头螺线）与之相配的双头螺线的定子过剩配合，这样在转子和定子间形成了储存介质的密封空间。当转子在定子内运转时，介质沿轴向由吸入端向排出端运动。单流阀的作用主要是防止螺杆泵停机时油管内的地层水反推螺杆运动造成抽油杆倒扣，导致抽油杆连接脱落。

（4）气水分离器。在泵的下端，其作用是分离处理气液比较高的液体，提高泵效。

（5）油管锚。其作用是当螺杆泵工作时，防止油管倒扣密封不严或油管脱落，造成螺杆泵失效。

2. 地面设备

（1）控制屏。其作用首先是控制和设置电动机的转动频率来调节螺杆泵转速，从而根据气井的产液量适时调整泵排量，其次是控制螺杆泵启动或停机。

（2）螺杆泵驱动头。包括电动机、减速器和卡瓦联轴器。电动机为变频式防爆电动机，其通过变频可以在一定范围内调节驱动头的转速。

（3）减速器。其作用是增大扭矩力、降低转速，达到所需设计参数的目的。

（4）卡瓦联轴器。其为传动动力至抽油杆的连接件，该装置装卸方便，连接可靠。

（5）运行保护器。其为螺杆泵运行欠载保护装置，避免气井地层供给地层水不足时，螺杆与泵筒密封面无冷却及润滑的情况下摩擦及能量损耗。

三、螺杆泵设计及优选

1. 螺杆泵的工作参数确定

1）螺杆泵的排量

螺杆泵的基本特性参数包括排量和压头。一个密封腔的横截面积在各个位置都相同，密封腔的横截面积等于衬套横截面积减去螺杆横截面积。螺杆每旋转一周，流体运动一个导程。因此，螺杆泵的理论排量计算式为：

$$Q_t = Av = 5760ED_rP_sn \qquad (7-3-1)$$

式中　Q_t——螺杆泵理论排量，m^3/d；

　　　A——密封腔横截面积，m^2；

　　　v——流体速度，m/s；

　　　E——螺杆偏心距，m；

　　　D_r——螺杆直径，m；

　　　P_s——衬套导程，m；

　　　n——电动机转速，r/min。

螺杆泵的实际排量为：

$$Q' = Q_t\eta_v \qquad (7-3-2)$$

式中　Q'——螺杆泵的实际排量，m^3/d；

　　　η_v——螺杆泵的容积效率，一般取 0.7 左右。

螺杆泵的实际排量小于理论排量，对于相同级数的泵，压头增加，排量要下降，这种现象称为滑脱。因滑脱漏失的流量 Q 与压力 p、泵级数、密封线数、流体黏度、螺杆和衬套间的配合方式有关，如图 7-3-2 所示。

2）螺杆泵的压头和级数

螺杆泵的压头与泵的级数、密封线数目有关。对于每个密封腔，螺杆和衬套间的接触线数称为密封线，正常情况下，一级泵的长度是衬套导程的 1.1～1.5 倍。泵级数和密封线数增加，泵的压头会增大。一般采油（气）螺杆泵单级举升扬程不超过 70m，即单级最大工作压差不超过 0.69MPa，目前螺杆泵单级工作压差设计为 0.5MPa 左右。泵的级数由实际需要的举升压头和单级泵的举升压头决定。

单级工作压差主要靠定子和转子之间的过盈配合来实现，而且也与其结构参数、工作参数和定子的机械物性等有关，一般定子和转子的初始过盈量的取值为：

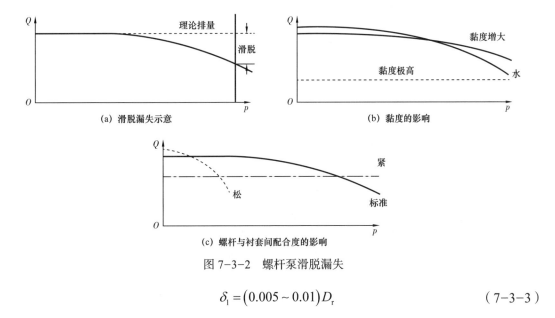

(a) 滑脱漏失示意

(b) 黏度的影响

(c) 螺杆与衬套间配合度的影响

图 7-3-2　螺杆泵滑脱漏失

$$\delta_1 = (0.005 \sim 0.01)D_r \qquad (7-3-3)$$

式中　δ_1——初始过温量，m；

　　　D_r——螺杆直径，m。

3）螺杆泵的工作特性

螺杆泵的型号不同，其特性也不同，一般用清水测试获得容积效率 η_v、扭矩 M、系统效率 η 与扬程 Δp 的特性关系曲线，一般由厂家提供。利用泵的特性曲线就能设计选择螺杆泵。螺杆泵的特性曲线受泵的结构参数、工作参数、转子和定子的加工质量、定子橡胶的物理机械性能以及举升介质的影响。

2. 螺杆泵系统设计

地面驱动螺杆泵系统要求达到长寿命、低能耗、高产能的要求，所选泵型的排量应相对较高和级数相对较小，这就要求在设计之前应收集和分析有关气井的地质和生产资料，根据井的地质和生产参数合理确定排量、级数和扭矩。

设计步骤如下：

（1）选择适当的泵挂深度。

（2）确定泵进出口压差：

① 根据井的产量和井口压力计算泵排出压力；

② 由井的流入动态曲线确定井底压力；

③ 根据井底压力计算泵吸入压力；

④ 根据泵排出压力和泵吸入压力计算泵进出口压差。

（3）选泵：

① 根据井的产量确定泵的额定排量；

② 根据泵排出压力，求出泵的级数；

③ 根据泵特性曲线、额定排量和泵级数选择泵型；

④ 确定地面驱动总扭矩；

⑤ 计算电动机功率，选择电动机；

⑥ 选择电控箱；

⑦ 对抽油杆进行强度校核；

⑧ 确定转数。

四、现场常见故障分析

以下介绍螺杆泵系统一些常见的问题。

问题1：转速正常，但没有产量。

（1）抽油杆是否断裂。取出抽油杆并检查。

（2）油管是否脱扣或断裂，油管是否有洞。油管憋压并检查环空压力。

（3）转子是否故障，对转子焊点处进行检查。转子是否在定子里面，定子是否被错误地倒置。

（4）定子橡胶体是否被腐蚀。

（5）泵是否磨损。

问题2：低于要求光杆转速时无产量。

（1）转子是否被卡。需重新检查转子位置。

（2）定子橡胶衬套与转子是否快速磨损。

（3）是否由于选型或损坏，动力源提供不了所需动力。

问题3：光杆速度正常，实际产量低于预期产量。

（1）孔眼处流量受限。

（2）入口被堵。

（3）因抽油杆接头或扶正器太大，油管中流体流动受限。

（4）转子与定子配合不好。

（5）油管有孔。

（6）泵磨损。

（7）橡胶衬套严重膨胀。

问题4：低光杆速度下停止生产。

（1）转子在防反转销钉以上运转。

（2）间歇性产出固体物质堵塞泵和油管。

（3）定子橡胶衬套膨胀。

（4）发动机过载。

第四节　射流泵排水采气技术

射流泵是一种应用范围非常广泛的流体输送机械，我国最早于 20 世纪 60 年代在玉门油田和吉林油田使用射流泵，而后华北油田、辽河油田等单位也先后研制出适合自己油田的射流泵，大庆油田与四川油田使用射流泵以气体为工作介质来提高原油产量。目前苏里格气田也开展了射流泵应用研究，通过地面设备为井下射流泵提供高压动力液，形成高速气流，同时与积液产生能量交换，为积液提供可以到达井口并排出的动力，从而改变井筒内气液的比例，提高气井产量。

一、技术原理

结构组成：射流泵排液是一种以液体传递动力的无杆泵排液方式。水力喷射泵由泵座和泵芯两部分组成。泵芯由提升总成、泵体和测压部件三部分组成，其核心部件是喷嘴、喉管和扩散器，如图 7-4-1 所示。泵座随油管下到设计井深，泵芯可以通过动力液的正反循环来达到投入和取出的目的。

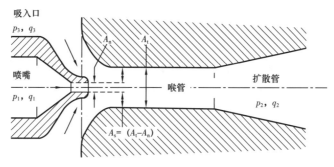

图 7-4-1　射流泵结构示意图

射流泵地面流程如图 7-4-2 所示。地面部分主要由污水罐、导向管汇、计量罐、地面泵等组成。

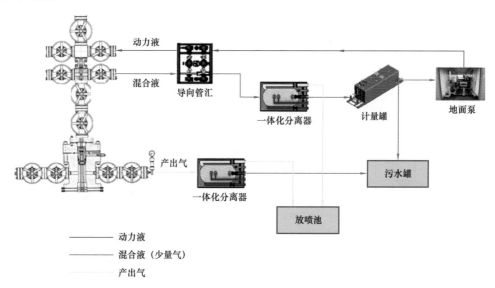

图 7-4-2　射流泵地面布局示意图

工作原理：高压水动力液通过喷嘴时，由于喷嘴的节流作用，压力急剧下降，在喷嘴周围形成低压区，地层液在沉没压力作用下进入喷射泵内"负压"区和喷嘴出口的高速射

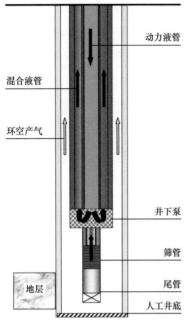

图 7-4-3 射流泵井下结构图

流混合后进入喉管、扩散管，在喉管、扩散管内，地层液从高压动力液中获得能量，将混合液举升至地面。

如图 7-4-3 所示，该工艺技术有三个流体通道，以高压水为动力液驱动井下水力喷射泵机组工作；以动力液和采出液之间的能量转换，达到排液采气的目的。

动力液由井口通过 ϕ48mm 油管到达井下水力喷射泵机组装置产生吸力，地层水通过筛管被吸入井下泵机组装置内，并随动力液一起进入水力喷射泵机组装置，动力液和产出液混合后形成混合液，增压后的混合液沿 ϕ48mm 油管和 ϕ89mm 油管之间的环空到达地面。天然气通过 ϕ89mm 油管和套管之间的环空排出。图 7-4-4 和图 7-4-5 分别是反循环和正循环射流泵工艺的示意图。

二、射流泵工艺特点

（1）节约作业费用：检修井下泵不用上作业队伍。其作业、更换井下泵，更换配件等费用大幅度降低。

（2）与抽油机、螺杆泵相比，节约杆管偏磨治理费用：当杆管偏磨时，每次作业都要更换部分管杆（一次需更换 100m 左右的杆管）。

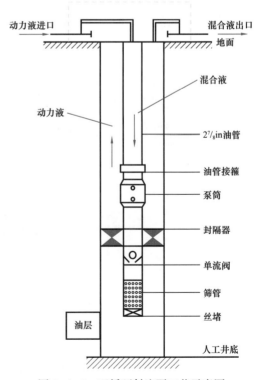

图 7-4-4 反循环射流泵工艺示意图　　　图 7-4-5 正循环射流泵工艺示意图

（3）作业免修期时间长：有杆泵排水采气工艺平均每年比水力喷射泵开采工艺多作业2~3次，水力喷射泵开采工艺作业免修期为1~2年，延长采气时率。

（4）调控简单：压裂后易于控制排采液量，对地层有很好的保护作用。

三、选井原则

为防止气蚀，射流泵排水采气工艺必须有较高的沉没度和较高的吸入压力，气水比也不能太大，所以射流泵排水采气时应满足下述条件。

（1）井底流压：不小于6MPa。

（2）排液量：不大于350m^3/d。

（3）产气量：不大于$5 \times 10^4 m^3$/d。

（4）适用井温：不大于120℃。

（5）泵挂深度：不大于3500m。

（6）工作介质：油、气、水混合物，其中H_2S含量不大于100mg/m^3，水的矿化度不大于50g/L。

四、射流泵排水采气工艺实施效果

射流泵排水采气工艺目前在长庆油田已在3口井应用，排水采气效果显著，很好地解决了区块井底积液严重的问题，使水淹井复产，并可以实现扬程3000m井的持续生产。下面以陇A井为例进行介绍。

1. 设计要求及基本参数

基本参数：设计泵下深2500m（考虑到内管油管强度，泵挂深度设计为2500m），目标排量20~150m^3/d。

采气井口装置：KQ65/78。

管柱结构类型：同心管柱。

起下方式：投入式。

循环方式：正循环。

2. 射流泵技术参数

型号：SPB3.5×1.9×2。

泵工作筒最大钢体外径：ϕ102mm。

沉没泵最大钢体外径：ϕ37mm。

适用油管：外管ϕ89mm，内管ϕ48mm。

扬程范围：不大于3000m。

排量范围：0~150m^3/d。

适用温度：不大于150℃。

3. 现场试验效果

2020年6月试验投运，下泵深度3250m。液面高度持续下降，排液增产效果显著。

日均增产 4600m³，日均产液 32m³，日最高产液 115m³，累计产气 38.4×10⁴m³，累计产液 2800m³，试验效果见表 7-4-1 和图 7-4-6。

表 7-4-1　试验前后生产情况对比

项目	油压/MPa	套压/MPa	产气量/（m³/d）	产液量/（m³/d）	累计产气量/10⁴m³	累计产液量/m³	累计液气比/（m³/10⁴m³）	稳产天数/d	备注
试验前	2.2	2.95	—	—	192.000	2048.00	10.6	—	关井
试验后	2.9	14.50	6839	26	24.207	1658.51	68.5	52	2021 年 6 月 30 日试验开始

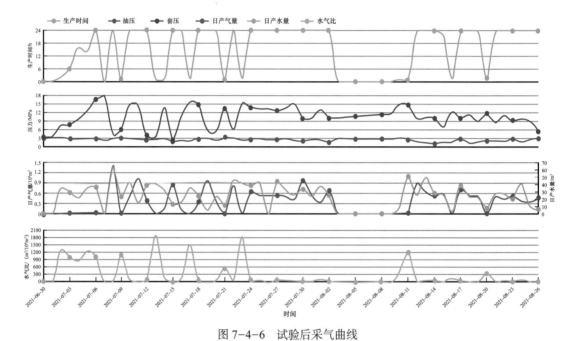

图 7-4-6　试验后采气曲线

第五节　涡流工具排水采气技术

随着采气工艺技术日新月异，不断地有新技术出现和应用。鉴于长庆气田"关键技术突破，集成技术创新"的技术战略，在对国内外先进技术调研的基础上，开展了涡流工具排水采气技术研究及应用。

一、技术原理

井下涡流排水采气技术是通过井下涡流工具，把井筒中的气液紊流流态转变成涡旋上升环膜流流态，利用涡旋上升环膜流的特性，提高气体的携液能力，有效降低最小临界携液流量，减小井筒摩阻损失，达到利用气井自身能量有效排水采气的效果。井下涡流工具排水采气技术原理如图 7-5-1 所示。

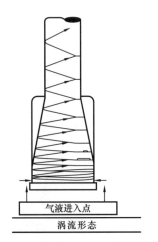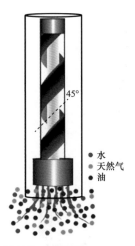

图 7-5-1　井下涡流工具排水采气技术原理图

　　井筒气液两相流体通过井下涡流工具时，井下涡流工具的螺旋叶片使得两相流体受力旋转，液体由于密度较大，通过涡流工具后产生液流沿着套管壁螺旋上行，而气体由于密度较小，经过工具后，在井筒中心以旋流方式向上运动。

　　涡流工具能够将泡状流、弹状流、泡沫状流等不规则的紊流流体转换为规则的涡流流体，液体和气体在管道内分成了明显的气、液两相旋流，使液体沿管壁呈螺旋状流动。与紊流状态相比，这种流动方式减少了介质之间分子的碰撞和摩擦做功。通过涡流工具的作用，大部分液体因离心力的作用被高速旋至管壁沿管壁流动，天然气通过管道的中心流动，降低了液体滑脱，相同流速的气体可以携带更多的液体。

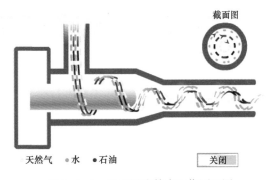

　　地面采气管线涡流排液机理是基于改变流体介质的运动方式，使得管道内原有的紊流流态改变为明显的气、液两相层流，如图 7-5-2 所示，大大减少了介质相互之间的冲击和摩擦做功，大大降低了管道的总体能耗，使得管道输压降低。

图 7-5-2　地面涡流技术工作原理图

二、工具机构及特点

1. 井下涡流工具

　　井下涡流工具按照安装位置不同主要有三种类型，分别是安装在油管底部、中部和内部。

　　（1）安装于油管底部的涡流工具，以螺纹方式与油管连接，安装时必须提起油管，对井底井况要求比较苛刻，结构如图 7-5-3 所示。

　　（2）安装于油管中部的涡流工具，采用上下螺纹连接，可以安装在油管中间任何位置，降低对井底井况的要求，但安装时需要提出油管，结构如图 7-5-4 所示。

图 7-5-3　安装于油管底部的涡流工具

图 7-5-4　安装于油管中部的涡流工具

（3）安装于油管内部的涡流工具，利用油管的接箍将井下涡流工具定位坐封。采用了可投放、捞出式结构设计，通过井筒中的钢丝绳作业，投放并坐封在油管任意接箍处。安装时不用提起油管，方便投捞作业，这种结构的涡流工具目前最常用，结构如图 7-5-5 所示。

图 7-5-5　安装于油管内部的涡流工具

长庆油田井下涡流工具主要由打捞头、螺旋变速体、导向腔、坐落器等部件组成，如图 7-5-6 所示。

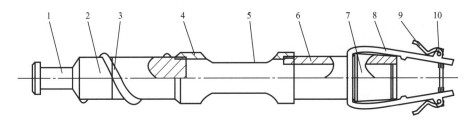

图 7-5-6　井下涡流工具结构示意图

1—打捞头；2—螺旋变速体；3—螺旋带；4—导向腔；5—排液口；6—连接段；7—坐落头；8—坐落器；9—卡簧；
10—卡簧轴

井下涡流工具主要部件功能：（1）打捞头，用于投捞作业时与打捞器连接，必要时打捞器可以自动脱开；（2）螺旋变速体，使流体加速并按一定的螺旋角和截面积旋转加速；（3）导向腔，改变流体方向，使介质无紊流地进入螺旋腔；（4）坐落器，在油管接箍处坐封定位。采用弹簧式的自解锁机构、楔式自锁机构。

涡流工具通过钢丝投放，坐封在油管接箍处，便于投捞作业，降低投捞成本。根据气井参数，选配相应参数的井下涡流工具，井下涡流工具在深井中为了确保携液效果，可以两级以上串联安装使用。

工具特点如下：

（1）携液能力强：井下涡流工具可以降低油管内的压力降，在相同的气体速度时，安装井下涡流工具井中的气体可以携带更多的液体，甚至在低速气井中也可以排液。

（2）提高气井最终采收率：涡流工具可以减少油管中的压力降，降低了能量的损失，使能量更高效地利用。在相同的地层压力下，安装涡流工具气井能量消耗更少，可以采出更多的气体。

（3）安装简单：打捞式涡流工具设置在专用油管短节或环形回挡中，通过钢丝 / 测井电缆嵌入油管，安装简单。可进行联合排水采气：与泡排联合使用，可以减少表面活性剂的用量；与柱塞举升联合使用时，可以降低井底流压。

井下涡流工具通过钢丝绳作业，采用 SD 投捞器投放。井下涡流工具在井筒内安装、坐封如图 7-5-7 所示。

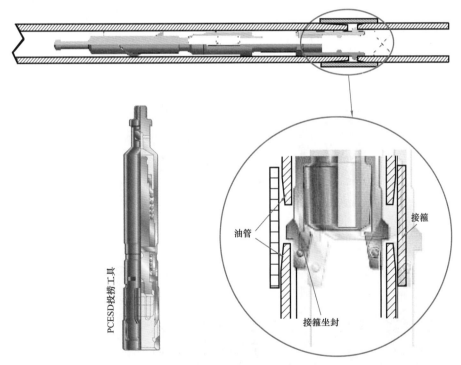

图 7-5-7 井下涡流工具在油管接箍坐封示意图

2. 地面涡流工具

地面涡流工具是涡流工具排水采气技术的核心，图 7-5-8 是地面涡流工具结构图，主要由导流口、螺旋纽带、芯管和外壳四部分组成，具体结构由入口直管、外套筒、芯管、螺旋纽带、封头、缩颈、出口直管、底板组成。其中，螺旋纽带等距旋绕在芯管表

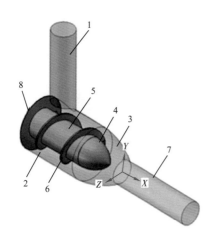

图 7-5-8　地面涡流工具结构示意图
1—入口直管；2—外套筒；3—缩颈；4—封头；
5—芯管；6—螺旋纽带；7—出口直管；8—底板

面，与外套筒之间构成流体通道；封头与芯管配合，主要避免流体进入芯管内，缩颈与外套筒配合主要起导流作用。螺旋纽带将外壳和芯管间的空间分割为螺旋形空腔，以改变流体介质的流动通道和流态。处于紊流状态的单井来气液两相流经过导流口进入螺旋形空腔后被强制起旋形成涡流，气液两相流形成涡流后，由于液体密度较大，因离心力的作用被高速旋至沿管壁流动，天然气通过管道的中心流动，旋流中心位于管道中心，流场呈中心旋转形式的稳定涡旋结构。

三、工具优化设计

为研究涡流效果影响因素，利用 Fluent 软件进行数值模拟分析，图 7-5-9 为涡流工具核心部件模型图，分析结果表明：流体通过地面涡流工具之后，在工具出口界面存在明显的旋流流动，同时螺旋运动形成气核，即中心为气体、边缘为液体，如图 7-5-10 所示。说明工具使得气液分离形成环状流动，可有效提高气体携液能力。

图 7-5-9　涡流工具核心部件模型图

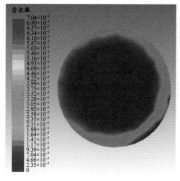 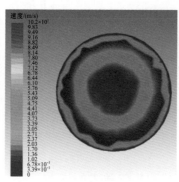 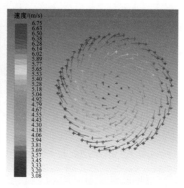

（a）液相分布　　　　　　　（b）速度分布　　　　　　　（c）速度矢量云图

图 7-5-10　出口截面液相分布、速度分布、速度矢量云图

1.影响因素分析

利用 Fluent 软件开展了螺旋纽带圈数、纽带切入角、纽带高度宽厚度优化设计，最终确定工具参数组合。

1）螺旋纽带圈数

图 7-5-11 为不同圈数螺旋纽带示意图，图 7-5-12 给出了不同螺旋圈数对螺旋强度的影响规律，随着距离（出口平直段）的增加，螺旋强度迅速减小，且螺旋圈数为 2 时，螺旋强度最大，旋流效果最佳。同时分析了不同螺旋圈数下的压降情况，螺旋圈数为 2 时，压降较大，但不同螺旋圈数时压降相对变化值较小（表 7-5-1）。因此，综合考虑，螺旋圈数为 2 时的地面涡流工具排液效果较好。

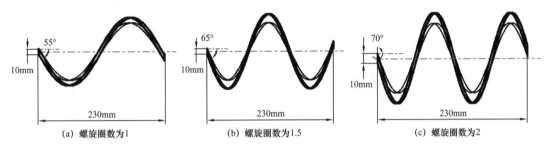

(a) 螺旋圈数为1   (b) 螺旋圈数为1.5   (c) 螺旋圈数为2

图 7-5-11 不同圈数螺旋纽带示意图

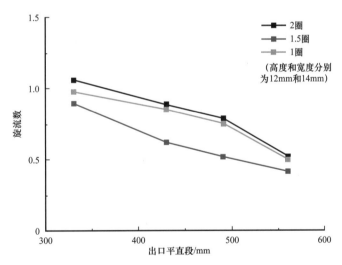

图 7-5-12 变纽带圈数工况旋流数衰减变化图

表 7-5-1 变纽带圈数进出口压降表

螺旋圈数	1	1.5	2
压降 /Pa	3858.0	4186.5	4290.0
相对变化 /%	0.04	0.05	0.05

图 7-5-13　纽带高度宽度示意图

2）纽带高度宽度

图 7-5-13 为纽带高度宽度的示意图。纽带螺旋圈数取 1 圈，保持宽度不变（14mm），只改变纽带高度为 12mm、15mm（初始高度 9mm），进行模拟。图 7-5-14 给出了不同纽带高度对螺旋强度的影响规律，结果表明：随着距离的增加，螺旋强度迅速减小，螺旋纽带高度为 15mm 时，其旋流效果好于其他两个工况，压降最大，但不同纽带高度时压降相对变化值较小（表 7-5-2）。因此，综合考虑，纽带高度选为 15mm 时的涡流工具效果较好。

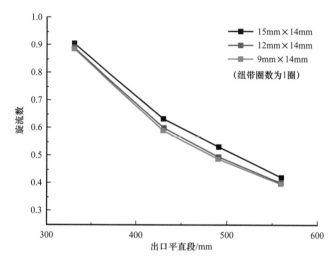

图 7-5-14　变纽带高度工况旋流数衰减变化图

表 7-5-2　变纽带高度进出口压降表

纽带高度 /mm	9（初始）	12	15
压降 /Pa	3858	5091	5345
相对变化 /%	0.04	0.06	0.06

纽带螺旋圈数取 1 圈，保持高度不变（12mm），只改变纽带宽度为 10 mm、18 mm（初始宽度 14mm），进行模拟。图 7-5-15 给出了不同纽带宽度对螺旋强度的影响规律，随着距离的增加，螺旋强度值迅速减小，仅从单因素考虑不同螺旋纽带宽度工况，其旋流数变化几乎相同。纽带宽度为 18mm 时压降最大，但不同螺旋宽度时压降相对变化值较小（表 7-5-3）。因此，纽带宽度对有涡流工具的总体性能影响不明显，可以忽略宽度因素。

3）切入角

纽带切入角度的不同改变了从入口管垂直向下的两相流体开始水平环状流动的位置，

同时也会对两相流体的总能量产生不同的影响，甚至可能影响各相流体的分布，进而会影响地面涡流工具的总体效果。

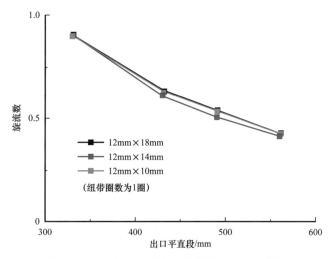

图 7-5-15　变纽带宽度工况旋流数衰减变化图

表 7-5-3　变纽带宽度进出口压降表

纽带宽度 /mm	10	14（初始）	18
压降 /Pa	5218	5091	5320
相对变化 /%	0.06	0.06	0.06

设置纽带圈数为 2 圈、高度 15mm、宽度 14mm，切入角度分别与水平轴负方向呈 0°、-30°、-45°、30°、60°（以逆时针方向为正，如图 7-5-16 所示），进行模拟。图 7-5-17 总结了不同纽带切入角的旋流数变化，结果表明：不同切入角度，旋流数变化趋势相同，且进出口压降差异很小（表 7-5-4）。在螺旋段出口，旋流数存在差异，随着流体在平直

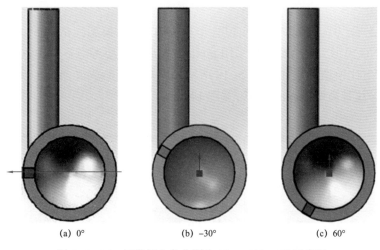

(a) 0°　　　　　　　(b) -30°　　　　　　　(c) 60°

图 7-5-16　纽带切入角分别为 0°、-30°、60°示意图

段流动，旋流数差别逐渐减小，正角度切入角（包括 0°切入角）总体性能明显好于负角度切入角，且 0°切入角工况性能较高些。因此，采用 0°切入角。

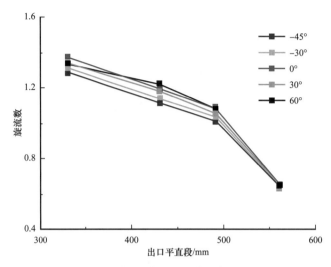

图 7-5-17　不同纽带切入角旋流数衰减变化图

表 7-5-4　不同纽带切入角进出口静压力变化

切入角度 / (°)	0	−30	−45	30	60
入口静压 /Pa	8625733	8625204	8625274	8625320	8625167
出口静压 /Pa	8619993	8619999	8619997	8619994	8619994
相对变化 /%	0.07	0.06	0.06	0.06	0.06

2. 涡流工具优化

根据涡流工具参数优化结果，利用正交实验设计方法对管线为 $\phi76mm$ 的涡流工具进行优化。

工况：工作压力为 8.62MPa，出口管半径为 30mm；模型网格在 65 万左右；湍流模型采用 $k\text{-}\varepsilon$ RNG 模型，混合相模型采用 mixture 模型。主要考虑不同参数下旋流数的变化（表 7-5-5），对比模拟结果如图 7-5-18 所示，可知最佳参数组合为实验 9，即纽带圈数 2，切入角 0°，纽带高度 15mm，纽带宽度 14mm。

表 7-5-5　不同螺旋纽带叶片参数

序号	纽带圈数	切入角 / (°)	纽带高度 /mm	纽带宽度 /mm
实验 1	2	0	9	10
实验 2	2	0	12	14
实验 3	2	0	15	18
实验 4	2	0	9	14

序号	纽带圈数	切入角 / (°)	纽带高度 /mm	纽带宽度 /mm
实验 5	2	0	12	18
实验 6	2	0	15	10
实验 7	2	0	8	18
实验 8	2	0	12	10
实验 9	2	0	15	14

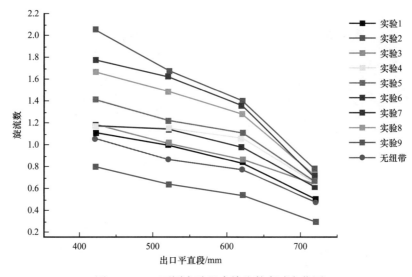

图 7-5-18　不同实验组合旋流数衰减变化图

实验 9 混合相速度分布云图（图 7-5-19）和液相分布云图（图 7-5-20）表明：沿着直管段混合相速度逐渐衰减，壁面处速度最小，速度较大区域呈环状分布，截面中心区域速度较小；从液相分布云图可以看出，液相主要分布在靠近壁面的位置，为环状流，旋流效果明显。

四、现场应用

1. 井下工具现场试验

1）井下节流器生产

苏 14-11-38 井位于内蒙古自治区鄂托克前旗昂索镇玛拉迪，于 2007 年 10 月 18 日投放井下节流器，配产 $1 \times 10^4 \mathrm{m}^3/\mathrm{d}$。2011 年 7 月产气量降至 $0.5 \times 10^4 \mathrm{m}^3/\mathrm{d}$，2011 年 7 月 14 日打捞节流器。节流器打捞后连续生产 25 天，平均套压 7.24MPa，平均日产气量 $2.93 \times 10^4 \mathrm{m}^3$，但套压不断上升，日产气量不断下降，井筒积液越来越严重，如图 7-5-21 和图 7-5-22 所示。

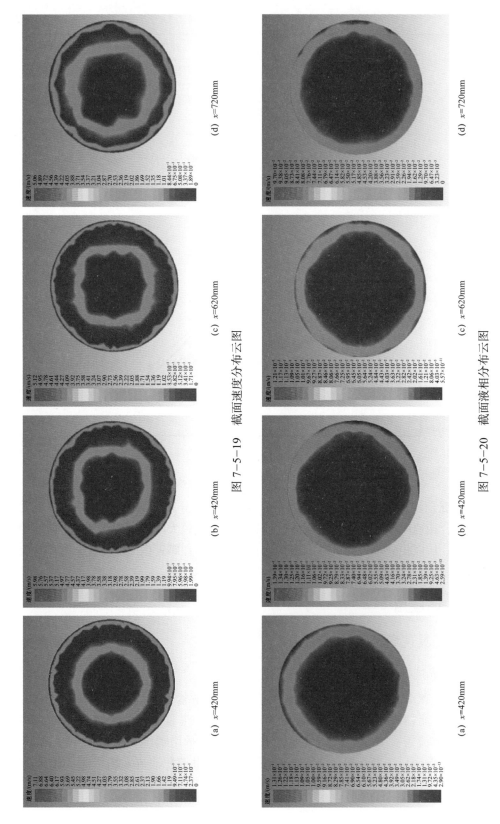

(a) x=420mm　　(b) x=420mm　　(c) x=620mm　　(d) x=720mm

图 7-5-19　截面速度分布云图

(a) x=420mm　　(b) x=420mm　　(c) x=620mm　　(d) x=720mm

图 7-5-20　截面液相分布云图

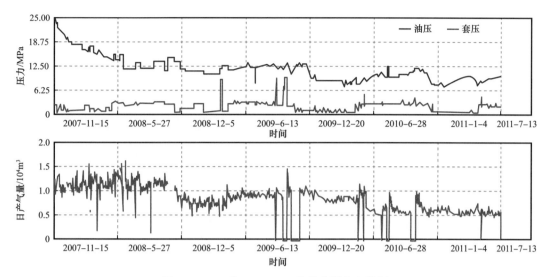

图 7-5-21 苏 14-11-38 井节流器生产数据

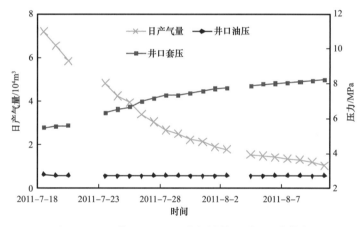

图 7-5-22 苏 14-11-38 井打捞节流器后生产数据

2）投放井下涡流工具

2011 年 8 月 27 日进行涡流试验工具现场投放安装，投放作业一次成功。根据涡流模拟优化，并结合苏 14-11-38 井气层中深，两级涡流工具下深分别为 3350m、1775m。

3）增产效果分析

苏 14-11-38 井投放涡流工具前后的生产数据见表 7-5-6，试验前油压、套压分别为 2.88MPa 和 8.73MPa，日产气量 $0.58 \times 10^4 m^3$；试验后油压、套压分别为 2.67MPa 和 5.12MPa，日产气量 $1.55 \times 10^4 m^3$；2012 年 6 月，油压、套压分别为 1.05MPa 和 7.47MPa，日产气量 $1.11 \times 10^4 m^3$。从 2011 年 11 月 1 日至 2012 年 6 月 1 日累计增产气量 $148.4 \times 10^4 m^3$，试验效果明显，如图 7-5-23 所示。

4）排液分析

表 7-5-7 是苏 14-11-38 井于 2011 年 8 月 27 日投放井下涡流工具后，至 2012 年 4

月 16 日生产数据。在试验过程中，气井套压较高时采取了泡沫排水辅助措施，利用套管加注方式加注泡排剂，每次 300mL，加注 3 次。实施泡排措施后套压有所下降（平均下降 0.34MPa），日产气量有所上升（平均上升 $0.1 \times 10^4 \mathrm{m^3/d}$），辅助排液效果不明显。

表 7-5-6　苏 14-11-38 井投放涡流工具前后生产数据表

试验前			试验后			2012 年 6 月			评价	
油压 / MPa	套压 / MPa	日产气量 / $10^4\mathrm{m^3}$	油压 / MPa	套压 / MPa	日产气量 / $10^4\mathrm{m^3}$	油压 / MPa	套压 / MPa	日产气量 / $10^4\mathrm{m^3}$	累计增气量 / $10^4\mathrm{m^3}$	效果
2.88	8.73	0.58	2.67	5.12	1.55	1.05	7.47	1.11	148.4	明显

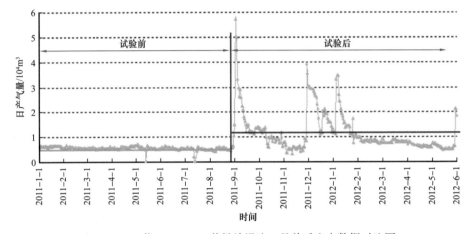

图 7-5-23　苏 14-11-38 井投放涡流工具前后生产数据对比图

表 7-5-7　苏 14-11-38 井涡流试验排液情况统计表

大量排液次数	时间	排液前		排液后		排液前后变化		持续时间 / h
		套压 / MPa	日产气量 / $10^4\mathrm{m^3}$	套压 / MPa	日产气量 / $10^4\mathrm{m^3}$	套压 / MPa	日产气量 / $10^4\mathrm{m^3}$	
1	2011-8-31	8.51	1.25	4.11	6.75	4.40	5.50	4
2	2011-11-25	8.45	1.33	3.43	7.13	5.02	5.80	7
3	2011-12-11	6.64	1.23	2.84	4.95	3.80	3.72	9
4	2012-1-4	6.49	1.12	3.04	4.73	3.45	3.61	12

从图 7-5-24 可以看出，苏 14-11-38 井自下入涡流工具至今共出现了 4 次大规模的排液，前两次排液出现在套压值 8.50MPa 左右，排液迅速，持续时间较短，排液后套压下降情况及日产气量上升情况均非常明显；后两次排液幅度较前两次略有下降。

5）相似邻井有 / 无涡流排水对比

苏 14-18-30 井于 2011 年 10 月 28 日成功打捞节流器后至今采用无节流器生产，节流器打捞前套压为 8.86MPa，节流器打捞后气量能稳定在 $0.39 \times 10^4 \mathrm{m^3/d}$ 生产。从

表 7-5-8 可以看出，苏 14-18-30 井与苏 14-11-38 井各项地质条件相当，由于井筒无涡流工具，目前日产气量 0.33×10⁴m³，且出现明显的积液现象。通过这两口井生产情况对比可以发现，气井在相同条件时下入涡流工具的井能达到更好的排水采气生产效果。

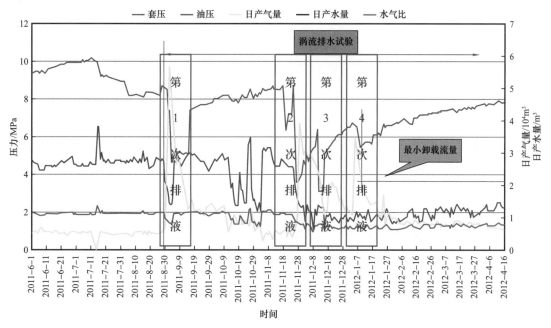

图 7-5-24　苏 14-11-38 井涡流试验排液数据图

表 7-5-8　两口无节流器井是否下入涡流工具生产效果对比表

井号	开采层位	气层厚度 / m	平均孔隙度 / %	平均饱和度 / %	解释结果	节流器打捞前套压 / MPa	节流器打捞后稳定产气 / (10⁴m³/d)	2012 年 4 月产气量 / (10⁴m³/d)
苏 14-11-38	盒 8 段、山 1 段	8.1	7.93	59.01	含气层	9.12	0.45	1.05
苏 14-18-30	盒 8 段、山 1 段	9.5	8.06	62.43	含气层	8.86	0.39	0.33

试验证明，井下涡流工具在短距离内产生螺旋流，使分散液滴甩向壁面，快速形成液膜，使气液两相流动由以液滴为主的雾状流转化为以液膜为主的环状流，同时在油管中心形成高速运动的中心气核，增强中心气流携带残留液滴的能力，降低了整个气井沿程损失，提高了气井采气能力。

2. 地面工具现场试验

1）工具安装

根据地面涡流工具优化结果，在 G301-021 井开展了现场试验。该井地面管线规格为 φ76mm×8/9mm×9.3km，管线最大高程差 140m，管线有两处明显 U 形位置，分别位于距井口 3.0km 和 7.6km 处。于 2012 年 12 月 14 日投产，配产 $10 \times 10^4 \text{m}^3/\text{d}$，日均产气量 $12.689 \times 10^4 \text{m}^3$，日均产水量 20.35m^3，由于产水、地面管线高低起伏大，生产过程中单井进站地面管线积液。为降低管线压降，扫除积液，减缓气井冻堵，保证气井平稳生产，2016 年 10 月 24 日在采气管线 U 形位置低点处安装地面涡流工具，如图 7-5-25 所示。

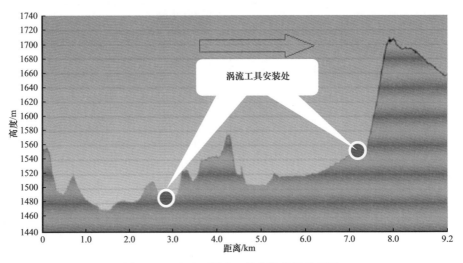

图 7-5-25　地面涡流工具安装位置示意图

采用地面涡流工具之后，气井日平均产气量为 $8.0 \times 10^4 \text{m}^3$，平均产水量为 $20 \text{m}^3/\text{d}$ 左右，携液效果良好，同时管线输压降低，从投放涡流工具前的 4.0MPa 降到投放后的 3.0MPa 左右，如图 7-5-26 所示。

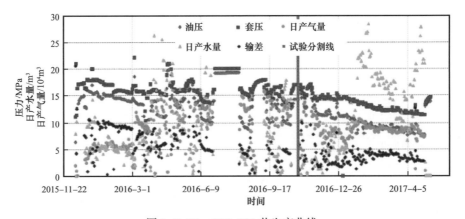

图 7-5-26　G39-021 井生产曲线

2）效果分析

根据地面涡流工具螺旋强度衰减理论，可以计算该井安装地面涡流工具后的螺旋强度衰减情况，如图 7-5-27 所示。该井采用地面涡流工具的有效螺旋距离在 100m 以上，可以克服高位差对工具带来的不利影响，这与现场试验结果较一致。因此，该井采用地面涡流工具可以有效提高气井携液量，进而改善管线冻堵问题。

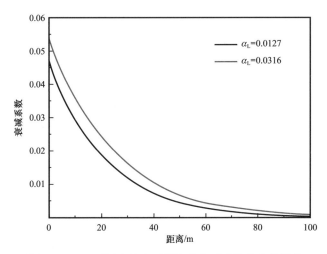

图 7-5-27 不同含液率下螺旋流衰减系数的变化规律

试验证明,地面采气管线涡流辅助排液技术将管线内的气液分层流动转变为螺旋状流动,螺旋流携带着管内绝大部分液体沿管壁流动,而大量的气体则沿螺旋体的中心流动输送,涡流辅助排液技术是一种降低管线沿程压降、减少管线积液的新方法。

第六节　喷射增压开采技术

鄂尔多斯盆地古生界气藏具有低压、低孔、低渗、储层非均质等特性,经过多年的开发,地层压力逐渐降低,低压低产气井逐年增多。由于储层非均质性强,导致同一集气站或丛式井组气井产能差异大和压力下降不平衡,高压、低压气井并存现象在气田普遍存在。低压气井需要间歇生产,产能得不到发挥,高压井需要节流降压生产,给气田的生产和管理带来了一定的困难。2007 年以来,针对集气站和丛式井组低压气井增压生产难题,开展了喷射增压开采技术研究与应用,效果显著。

一、技术原理

1. 发展历程及现状

喷射增压技术的起源可以追溯到 19 世纪末期,最早的喷射装置就是至今还在普遍采用的喷射泵或射流泵,它所获得的混合后压力是介于两种流体压力之间的中间压力,其升压能力受到极大的限制。20 世纪 40 年代以后,超声速气液两相流升压技术获得了重大突破,可以将气液两相流混合后液体压力提升至超过一次流体的压力。由于西方发达国家一直将该技术用于高度机密的核潜艇、军舰等军事工业,故在一定程度限制了国内对该技术的研究和认知。

到 20 世纪 80 年代,该技术才在供热、发电、石油天然气、冶金、食品等民用行业逐渐应用。苏联克拉斯诺波尔斯克油田推广使用了一种喷射泵装置,用于回收末级油气分离器中排除的低能天然气,取得了明显的经济效益;2002 年美国得克萨斯州 El Ebanito 油气开采区采用文丘里管射流装置（与喷射器相似）收集储罐中的天然气，用 6MPa 的高压天然气射流将 0.0021MPa 左右的罐内低压天然气增压至 0.28MPa 并网供气；2001 年大连舰艇学院、大连理工大学联合设计了一套由三级喷射器串联组成的匹配式多级喷射器系统，用于回收原油储存过程的原油挥发气，成功利用压力较高的天然气（0.6MPa）对原油挥发气进行回收，并且出口压力可达到入口压力的 80% 左右（0.469MPa）。

随着天然气工业不断发展，喷射技术在天然气开发领域的应用正在逐步成为研究热点，国内外已经有一些关于天然气喷射增压的应用报道和实例[36]，2007 年以来，长庆气田开始在靖边、榆林等气田规模应用喷射增压技术，累计应用 17 套装置，实现 44 口低压气井的增压生产。

2. 喷射增压理论

喷射引流增压开采技术是利用高压气井能量实现低压气井增压开采的一种技术。天然气喷射增压开采技术的核心是喷射增压装置，如图 7-6-1 所示。

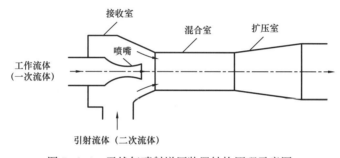

图 7-6-1　天然气喷射增压装置结构原理示意图

1）工作原理

喷射增压装置是提供高压气体和低压气体进行能量和热量交换传递的机构，其工作原理是高速气流在混合腔进行能量和动量交换，利用高压气体的势能来提高低压气体压力。

高压流体通过喷嘴时，一部分势能（压能）转化为动能（高速流体），在喷嘴出口区域形成低压区，将低压流体吸入低压区。高压流体携带着低压流体进入混合腔室，在混合腔室里实现高压、低压气体的动量和能量交换。充分交换能量的混合气体通过扩压腔室，流速逐级降低，混合压力回升。混合流体能量在扩压段实现由动能向势能的转化。混合气的压力高于低压天然气的压力，但低于高压天然气的压力。

2）控制方程

喷射装置的原理可以用数学方法推导和表述。为便于分析和数值处理，做如下假设：

（1）由于装置内部通道截面为圆形，假设其内部流动为二维、轴对称流动；

（2）天然气在喷射装置内的流速较大，而喷射装置轴向尺寸又较小，使得天然气在喷射装置内的运动时间较短，忽略天然气与固体壁面间的传热；

（3）天然气喷射装置内的流动为稳态过程。

根据上述假设建立引射装置内部的流动过程的数学模型如下：

连续性方程：

$$\frac{\partial}{\partial x}\left(\overline{\rho \overline{v}_x}\right)+\frac{\partial}{\partial x}\left(\overline{\rho \overline{v}_y}\right)=0 \tag{7-6-1}$$

动量方程：

$$\frac{\partial}{\partial x}\left(\overline{\rho \overline{v}_x^2}+\overline{\rho \overline{v}_x{}'\overline{v}_x{}'}\right)+\frac{\partial}{\partial y}\left(\overline{\rho \overline{v}_x \overline{v}_y}+\overline{\rho \overline{v}_x{}'\overline{v}_y{}'}\right)=-\frac{\partial \overline{p}}{\partial x}+$$
$$\mu\left(2\frac{\partial^2 \overline{v}_x}{\partial x^2}+\frac{\partial^2 \overline{v}_x}{\partial y^2}+\frac{\partial^2 \overline{v}_y}{\partial x \partial y}\right)+\overline{\lambda}\left(\frac{\partial^2 \overline{v}_x}{\partial x^2}+\frac{\partial^2 \overline{v}_y}{\partial x \partial y}\right)+\overline{\rho}\,\overline{F}_x \tag{7-6-2}$$

$$\frac{\partial}{\partial x}\left(\overline{\rho \overline{v}_y \overline{v}_x}+\overline{\rho \overline{v}_y{}'\overline{v}_x{}'}\right)+\frac{\partial}{\partial y}\left(\overline{\rho \overline{v}_y^2}+\overline{\rho \overline{v}_y{}'\overline{v}_y{}'}\right)=-\frac{\partial \overline{p}}{\partial y}+$$
$$\mu\left(2\frac{\partial^2 \overline{v}_y}{\partial x^2}+\frac{\partial^2 \overline{v}_y}{\partial y^2}+\frac{\partial^2 \overline{v}_x}{\partial x \partial y}\right)+\overline{\lambda}\left(\frac{\partial^2 \overline{v}_x}{\partial x \partial y}+\frac{\partial^2 \overline{v}_y}{\partial y^2}\right)+\overline{\rho}\,\overline{F}_y \tag{7-6-3}$$

能量方程：

$$\frac{\partial}{\partial x}\left(\overline{\rho \overline{v}_x \overline{h}}+\overline{\rho \overline{v}_x{}'\overline{h}'}\right)+\frac{\partial}{\partial y}\left(\overline{\rho \overline{v}_y \overline{h}}+\overline{\rho \overline{v}_y{}'\overline{h}'}\right)=-\overline{p}\left(\frac{\partial \overline{v}_x}{\partial x}+\frac{\partial \overline{v}_y}{\partial y}\right)+\lambda\left(\frac{\partial^2 \overline{T}}{\partial x^2}+\frac{\partial^2 \overline{T}}{\partial y^2}\right)+$$
$$\mu\left\{2\left[\left(\frac{\partial \overline{v}_x}{\partial x}\right)^2+\left(\frac{\partial \overline{v}_y}{\partial y}\right)^2\right]+\left[\left(\frac{\partial \overline{v}_x}{\partial y}\right)^2+\left(\frac{\partial \overline{v}_x}{\partial y}\frac{\partial \overline{v}_y}{\partial x}\right)+\left(\frac{\partial \overline{v}_y}{\partial x}\right)^2\right]\right\}+\lambda\left(\frac{\partial \overline{v}_x}{\partial x}+\frac{\partial \overline{v}_y}{\partial y}\right)+\overline{S}_h \tag{7-6-4}$$

式中　　ρ——气流密度，kg/m^3；

　　　　v——气流速度，m/s；

　　　　F——流体作用力，N；

　　　　p——压强，Pa；

　　　　μ——动力黏度，$mPa \cdot s$；

　　　　λ——速度系数；

　　　　T——热力学温度，K；

　　　　h——焓，J/kg；

　　　　S_h——引入的附加源。

在上述紊流的时均方程中代入了未知的湍流相关项，它代表了动量、热量和质量的湍流输运——雷诺应力和流通量，包括四个雷诺应力张量$\overline{v_i'\overline{v}_j'}$以及两个焓通量张量$\overline{v_i'\overline{h}'}$。

采用有效黏度概念的湍流模型时，雷诺应力表示如下：

$$-\rho \overline{v}_i{}'\overline{v}_j{}'=\mu_T\left(\frac{\partial \overline{v}_i}{\partial x_j}+\frac{\partial \overline{v}_j}{\partial x_i}\right)-\rho k\frac{2\delta_{i,j}}{3} \tag{7-6-5}$$

式中 μ_T——涡黏度，它不是流体属性，取决于湍流状态，必须由湍流模型来确定；

k——湍流动能；

$\delta_{i,\,j}$——Kroneker 算符，当 $i=j$ 时为 1，$i \neq j$ 时为 0。

对于焓，雷诺流由式（7-6-6）确定：

$$-\rho \overline{v_i}' \overline{h}' = \frac{\mu_\mathrm{T}}{Pr_\mathrm{T}(\overline{h})} \frac{\partial \overline{h}}{\partial x_i} \tag{7-6-6}$$

式中 $Pr_\mathrm{T}(\overline{h})$——湍流普朗特数，近似为整数 1。

从单位一致出发，动力黏度 μ_T 表示为：

$$\mu_\mathrm{T} = c \rho v_\mathrm{s} l_\mathrm{s} \tag{7-6-7}$$

式中 c——经验常数，取为 0.01；

v_s，l_s——湍流速度和特征长度，它们表示的是大尺度湍流运动，不同涡黏度概念的湍流模型，v_s 和 l_s 给出方式是不同的。

二方程 k-ε 湍流模型是目前应用最为广泛的涡黏度模型。但标准的 k-ε 湍流模型只存在一个时间步长 k/ε，它不能反映湍流中一系列涡耗散频率的特点。为弥补这个缺陷，Chen 和 Kim 于 1987 年对标准 k-ε 模型进行修改，在 ε 方程中引入附加原项，修改的 k-ε 模型增强了 ε 方程的动力效应，引入另一时间步长 k/P_k，由 k/ε 和 k/P_k 两个时间步长来控制从大尺度涡动到小尺度涡动的能量的转换率。

$$\frac{\partial(\rho k)}{\partial t} + \frac{\partial}{\partial x_i}\left[\rho v_i k - \frac{\rho v_\mathrm{T}}{Pr(k)} \frac{\partial k}{\partial x_i}\right] = \rho(P_\mathrm{k} + G_\mathrm{b} - \varepsilon) \tag{7-6-8}$$

$$\frac{\partial(\rho \varepsilon)}{\partial t} + \frac{\partial}{\partial x_i}\left[\rho v_i \varepsilon - \frac{\rho v_\mathrm{T}}{Pr(\varepsilon)} \frac{\partial \varepsilon}{\partial x_i}\right] = \rho \frac{\varepsilon}{k}(C_1 P_\mathrm{k} + C_3 G_\mathrm{b} - C_2 \varepsilon) + S_\varepsilon \tag{7-6-9}$$

式中 k——湍流动能，$k = v_\mathrm{T}^2/(C_\mu C_\mathrm{d})^{0.5}$；

ε——湍流动能耗散率，$\varepsilon = (C_\mu C_\mathrm{d})^{0.75} k^{1.5}/(ky)$；

v_T——湍流运动黏度，$v_\mathrm{T} = C_\mu C_\mathrm{d} k^2/\varepsilon$；

P_k——由剪切力产生的湍流动能的容积生长率，$P_\mathrm{k} = v_\mathrm{T}\left(\dfrac{\partial v_i}{\partial x_j} + \dfrac{\partial v_j}{\partial x_i}\right)\dfrac{\partial v_i}{\partial x_j}$；

G_b——与密度梯度相关的中立产生的湍流动能的容积生成率，$G_\mathrm{b} = -v_\mathrm{T} g \dfrac{\partial \rho / \partial x_i}{\rho Pr_\mathrm{T}(h)}$；

S_ε——ε 方程中引入的附加源项，$S_\varepsilon = -\rho C_4 P_\mathrm{k}^2/k$。

k 和 ε 的普朗特数分别为 $Pr(k) = 0.75$，$Pr(\varepsilon) = 1.15$。其他各系数分别为：$C_\mu = 0.5478$，$C_\mathrm{d} = 0.1643$，$C_1 = 1.15$，$C_2 = 1.9$，$C_3 = 1.0$，$C_4 = 0.25$。

上述方程并不封闭，为进行求解，还需要补充气体的状态方程：

$$\rho = \rho(p, T) \qquad\qquad (7\text{-}6\text{-}10)$$

$$h = h(p, T) \qquad\qquad (7\text{-}6\text{-}11)$$

方程（7-6-1）至方程（7-6-11）构成了喷射装置内部流动的数学模型。

二、喷射器设计

1. 设计方法

研究流体运动规律的方法有实验、理论分析和数值（计算流体力学）方法三种[30]。20 世纪 70 年代以前，研究流体运动规律的方法主要为理论分析和实验研究两种方法。理论分析的一般过程是建立力学模型，用物理学基本定律推导流体力学数学方程，用数学方法求解方程，检验和解释求解结果。实验研究的一般过程是在相似理论的指导下建立模拟实验系统，用流体测量技术测量流动参数，处理和分析实验数据。20 世纪 70 年代以来，随着计算机技术的进步，计算流体力学（CFD）得到了快速发展，并成为研究工程流动问题的有力武器。

考虑到喷射装置内部流动规律的复杂性，其内部流动规律的控制方程复杂，采用理论分析方法，利用数学方法推导方程很难获得解析解，由于设备运行的压力较高，采用实验方法很难反映实际工况，而且变工况条件喷射器内部流体变化规律很难获得。因此喷射装置设计采用数值方法，利用大型流体模拟软件仿真实际工况下的流体运动规律，该方法大大节约了设计时间和经费。本章实例采用 Fluent 软件计算。

2. 结构参数初步设计

天然气喷射装置的结构如图 7-6-2 所示，其主要结构包括一次气喷嘴（高压气）、二次气喷嘴（低压气）、混合段及扩压段。需要确定的主要参数包括一次流体喷嘴出口面积 A_1、二次流体喷嘴出口面积 A_2、混合段内壁面斜度 d_1、混合段入口至平直段长度 L_1、平直段长度 L_2、扩压段斜度 d_2 及扩压段长度 L_3。

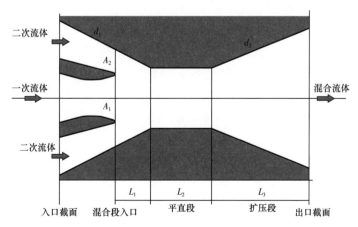

图 7-6-2　天然气喷射装置的结构原理图

1）一次气喷嘴的设计

一次气喷嘴的设计需要一次气流量 G_1、一次气进口设计压力 p_1、设计温度 T_1 以及一次气喷嘴出口压力 p_{1e}。前三个参数为给定参数，而 p_{1e} 则取略低于二次气的进口压力以确保二次气能顺利进入。设二次气压力为 p_2，则有：

$$p_{1e} = \beta p_2 \qquad (7\text{-}6\text{-}12)$$

系数 β 的取值越小，进入混合段的一次气和二次气的流速也越大，但其压力也相应减小；系数 β 的取值越大，进入混合段的一次气和二次气的流速也越小，但其压力也相应增大。考虑到一次气、二次气混合过程的需要及扩压段的效率，该系数存在一个最佳值，通过参数优化进行确定。

确定了一次气喷嘴的进出口压力后，即可确定其出口速度为：

$$u_{1e} = \sqrt{2\phi\left(h_1 - h_{1et}\right)} \qquad (7\text{-}6\text{-}13)$$

式中 h_1，h_{1et} —— 一次气进口的焓值及一次气喷嘴出口的等熵焓，可通过查取天然气的物性来获得；

ϕ —— 喷嘴系数，取为 0.95。

由此可确定一次气喷嘴的出口截面积为：

$$A_1 = \frac{G_1}{\phi_G \rho_e u_{1e}} \qquad (7\text{-}6\text{-}14)$$

一次气喷嘴的喉部面积为：

$$A_{1c} = \frac{G_1'}{\phi_G \rho_{1c} u_{1c}} \qquad (7\text{-}6\text{-}15)$$

式中 G_1 —— 一次气流量，m^3/d；

ρ_{1e} —— 一次气喷嘴进口处气流密度，kg/m^3；

ρ_{1c} —— 一次气喷嘴喉部处气流密度，kg/m^3。

ϕ_G —— 一次气喷嘴的流量系数，与喷嘴内气流的参数及喷嘴的几何尺寸有关，其具体数值通过工业试验确定，在设计中暂时取为 1。

一次气喷嘴喉部的状态通过数值逼近的方法确定，可先根据其临界压力比确定一个初始的临界压力，通过计算其速度，并与当地声速进行比较，如速度高于当地声速，则降低临界压力，如低于当地声速，则升高临界压力，如此反复直至最终获得其临界状态。

2）二次气进气通道的设计

二次气在进入混合区之前的通道内为亚声速流动状态，其关键参数为二次气通道出口面积。设二次气通道出口流速为 u_2，则有：

$$A_2 = \frac{G_2}{\rho_{2e} u_2} \qquad (7\text{-}6\text{-}16)$$

$$u_2 = \sqrt{2\phi\left(h_2 - h_{2\text{et}}\right)} \tag{7-6-17}$$

式中　G_2——二次气流量，m^3/d；

　　　$\rho_{2\text{e}}$——二次气喷嘴进口处气流密度，kg/m^3。

　　　h_2，$h_{2\text{et}}$——按照二次气进口压力及二次气通道出口压力根据天然气物性获得的定熵膨胀焓值。

二次气通道出口压力按照式（7-6-12）选取。式（7-6-17）中 ϕ 为二次喷嘴的效率，由于二次喷嘴形状为环形，其喷嘴效率不易确定，因此可按照下列方法确定二次喷嘴的出口面积：

$$A_2 = \xi A_1 \tag{7-6-18}$$

式中　ξ——系数，通过优化进行选取。

3）混合段及扩压段的设计

按照图 7-6-2，混合段进口处的截面积为：

$$A_3 = A_1 + A_2 + A_{1\text{w}} \tag{7-6-19}$$

式中　$A_{1\text{w}}$——一次气喷嘴出口边缘厚度所对应的面积，考虑到加工因素，一次气喷嘴出口边缘厚度取为 0.2mm。

由此可确定其直径为：

$$D_3 = \sqrt{\frac{4A_3}{\pi}} \tag{7-6-20}$$

而混合段喉部直径为：

$$D_{3\text{c}} = D_3 - 2L_1 d_1 \tag{7-6-21}$$

式中　L_1，d_1——混合段入口至喉部的距离及混合段入口倾斜度，其数值通过优化确定。

为分析其特性，定义二次气的进气间隙为：

$$\delta = \frac{D_3 - D_1}{2} - \delta_{\text{w}} \tag{7-6-22}$$

其中 δ_{w} 为一次喷嘴出口边缘厚度。二次气进气间隙是影响装置喷射性能的重要参数。

混合区喉部的长度为：

$$L_2 = \chi D_{3\text{c}} \tag{7-6-23}$$

其中，系数 χ 的最佳值通过数值模拟来最终确定。

扩压段为一渐扩通道，其扩散段倾斜度的数值通过数值模拟优化确定，其长度确定方法为：

$$L_3 = \frac{D_4 - D_3}{2d_2} \tag{7-6-24}$$

其中，D_4 为扩压段的出口直径，设扩压段出口的速度为 u_4，其密度为 ρ_4，则其计算公式为：

$$D_4 = \sqrt{\frac{G_1 + G_2}{\pi \rho_4 u_4}} \tag{7-6-25}$$

为尽量利用流体的动能提高其速度并考虑到加工要求，一般 u_4 取为 60m/s。

3. 装置流动仿真模拟

1）模型建立

仿真模拟采用图 7-6-3 所示的天然气引射装置物理模型，一次流体（工作流体）从中心经缩放喷嘴充分膨胀后以高速流体进入混合腔，而二次流体（被引射流体）沿喷嘴外壁面与混合腔入口内壁面所形成的进气通道进入混合腔，两者在混合腔喉部充分混合，其压力升高后流出。

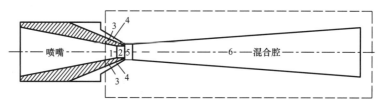

图 7-6-3　引射装置结构示意图

1—高压气；2—喉段；3—喷嘴；4—低压气；5—混合段；6—扩压段

2）网格划分及计算方法

由于喷射装置内部结构不规则，在实际计算中根据其几何结构特点采用了二维柱坐标下的适体坐标网格系统，计算区域及网格划分如图 7-6-4 所示。整个计算区域分为 3 个子区域，分别为一次气喷嘴区域（左下部，以下简称一区）、二次气通道区域（上部，以下简称二区）以及混合腔区域（右部，以下简称混合区）。其中，一区和二区的出口与混合区入口相连。

图 7-6-4　计算区域及网格划分

考虑到物理问题的特点，其边界条件为：一区及二区进口和混合区出口均设为定压边界条件，一区及混合区下部边界为对称边界条件，其他边界均为固体边界条件。由于流体在装置内部的流速很高，与固体边界的换热对整个流动的影响很小，因此在计算中设定固体边界均绝热。

在给定一区及二区入口压力（相当于给定一次气进气压力及二次气进气压力）后，改变不同的混合区出口压力，可获得不同的二次区进口流量。计算表明，对给定的一区、二区入口压力，当混合区出口压力高于某一数值后，二区内将出现回流，此时二区进口流量将变为零，该混合区出口压力即为装置能正常工作的最高出口压力。改变一区、二区进口压力的数值，分别计算不同混合区出口压力下的一区、二区进口流量值，即可获得装置的引射特性。

3）参数优化方法

影响天然气喷射装置性能的参数大体可分为如下两类：第一类为装置的结构参数；第二类为装置的运行参数，主要包括一次气进口压力及二次气进口压力。第二类参数对装置性能的影响，将在下文的变工况部分进行分析；此处将对第一类参数的影响进行系统研究，从而对天然气喷射装置进行优化。装置结构参数优化的重要衡量参数是二次气临界压力，当二次气压力小于该压力时，二次气流量则随着二次气压力的降低而迅速下降。

（1）扩压段倾斜度优化。

扩压段的倾斜度对喷射装置的性能有较大影响。当倾斜度太大，则扩压段会出现二次流，压力损失很大；当倾斜度太小，虽然可抑制二次流，但摩擦损失加大，且扩压段长度过长，给设备的加工和布置带来困难。因此，存在一个最佳的扩压段倾斜度。

分别取扩压段倾斜度为 1∶15、1∶20、1∶25、1∶30、1∶35、1∶40 以及 1∶50 七个不同值，计算获得的装置性能如图 7-6-5 所示。可以看出，随着倾斜度的增大，二次气临界压力（p_{2cr}）逐渐减小，但压力随倾斜度变化的斜率逐渐减小。考虑到加工工艺，这里选择倾斜度为 1∶40，其临界压力约为 2.15MPa，并在此基础上优化喉部直径。

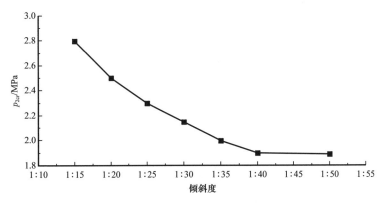

图 7-6-5 二次气临界压力与倾斜度的关系

（2）一次气喷嘴出口距喉部距离的优化。

前面分析表明，一次气喷嘴出口与混合段入口的相对位置对一次气和二次气的混合过程有很大的影响，这里分别取其距离为 1.0mm、2.0mm、3.0mm 和 4.0mm 进行计算，从而对该参数进行优化，可以得到临界压力与主气出口距喉部距离及混合腔喉部之比的关系，如图 7-6-6 所示。从图 7-6-6 中可以看出，随着该距离的增大，二次气临界压力先减小后增大。主气出口距离喉部 2mm 时二次气临界压力最小，约为 1.6MPa，其比值为 0.259。

由于设计过程中混合腔喉部直径要通过该距离才能获得，因此采用该距离与一次气喷嘴出口直径的比值来换算更为合适。一次气喷嘴出口距喉部距离与一次气喷嘴出口直径的比值为 0.77。

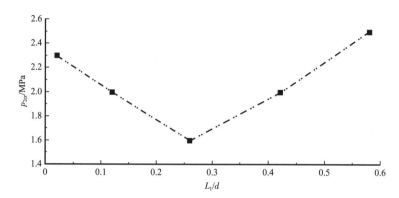

图 7-6-6　二次气临界压力与主气喷嘴出口距喉部距离和喉部直径比值的关系

（3）混合段喉部长度的优化。

混合段喉部长度对一次气及二次气的混合过程有很大影响。该值过小，则混合不均匀，影响装置性能；该值过大，则混合气在混合段内的阻力增大。此处以混合段长度与混合段喉部直径之比为优化参数，分别取该值为 1.3、2.0、3.0、3.75、4.5、5.0、7.0 和 10.0 进行计算，从而对该参数进行优化。根据上述 8 个算例，可以得到二次气临界压力与喉部长度直径比的关系，如图 7-6-7 所示。从图 7-6-7 中可以看出，随着该距离的增大，二次气临界压力逐渐减小，但压力随着喉部长度直径比变化的斜率逐渐减小。从图 7-6-7 中可以看出，当 $L_2/d \geqslant 3.75$ 时，临界压力随 L_2/d 的增大变化很小，因此可以选取 $L_2/d=5.0$。

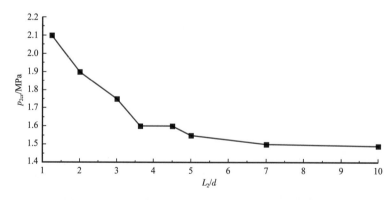

图 7-6-7　二次气临界压力与混合段喉部长度的关系

（4）混合段入口倾斜度的优化。

混合段入口倾斜度对装置性能有一定影响。该值过小，二次气阻力大，且装置不容易加工；该值过大，则二次气与一次气发生对冲，影响其性能。此处取混合段入口倾斜度分别为 1∶3.0、1∶3.5、1∶4.0、1∶4.5 和 1∶5.0 进行计算，得到二次气临界压力与混合段入口倾斜度的关系，如图 7-6-8 所示。从图 7-6-8 中可以看出，随着该值的增大，二次气临界压力逐渐增大，但当该倾斜度小于 0.25 后，对其性能的影响很小，因此选取该值为 0.25。

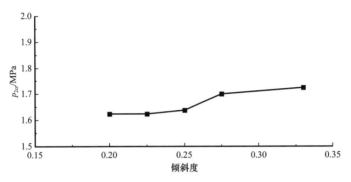

图 7-6-8　二次气临界压力与混合段入口倾斜度的关系

（5）二次气出口面积的优化。

二次气出口面积对装置性能有很大影响。此处取二次气进气面积与一次气进气面积比作为优化参数，分别取该值为 0.85、0.9、0.95、1.0、1.05、1.1 和 1.15 进行计算，得到二次气临界压力与该值的关系，如图 7-6-9 所示。从图 7-6-9 中可以看出，该值存在最佳值为 1.05。

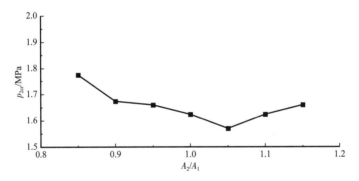

图 7-6-9　二次气临界压力与二次气出口面积的关系

（6）混合点压力选取的优化。

混合点压力即设计中所取的一次气、二次气进入混合点压力，其值为二次气进口压力再乘小于 1 的系数。以该系数为优化参数，分别取该值为 0.65、0.75、0.85、0.9 和 0.95进行计算，得到二次气临界压力与该值的关系，如图 7-6-10 所示。从图 7-6-10 中可以看出，该值的最佳值为 0.75～0.85，设计中可取该值为 0.85。

4）特性曲线

第一类参数对装置性能的影响已经在前面进行了详细的研究及分析，此处将对第二类参数的影响进行系统研究，从而确定天然气喷射装置的运行参数。

（1）高压气流量变化。

图 7-6-11 和图 7-6-12 分别给出了数值模拟得到的不同高压气压力和低压气压力

下装置高压气流量的变化曲线。从图 7-6-11 和图 7-6-12 中可以看出，随着高压气压力的增大，高压气流量逐渐增大，二者近似为线性关系；随着低压气压力的增加，高压气流量保持不变。即高压气流量随高压气压力的增大而近似保持线性增大，与低压气压力无关。

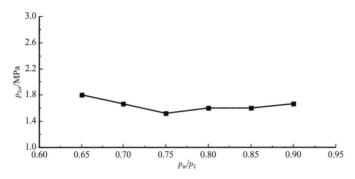

图 7-6-10　二次气临界压力与混合点压力的关系

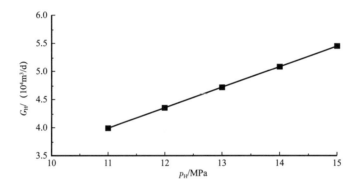

图 7-6-11　高压气流量随高压气压力的变化

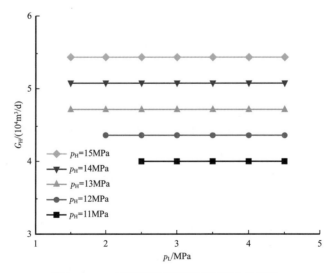

图 7-6-12　高压气流量随低压气压力的变化

（2）低压气流量变化。

图 7-6-13 和图 7-6-14 分别给出了装置低压气流量随高压气压力和低压气压力的变化曲线。从图 7-6-13 和图 7-6-14 中可以看出，相同低压气压力下，随着高压气压力的增大，低压气流量先增大后减小，流量最大值出现在高压气压力设计值附近（12～13MPa）。相同高压气压力下，低压气流量随低压气压力的增大而增大，二者近似为线性关系。

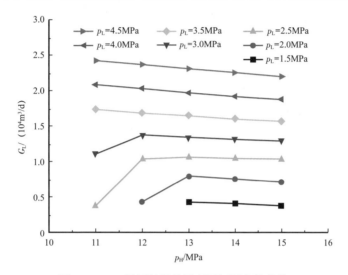

图 7-6-13　低压气流量随高压气压力的变化

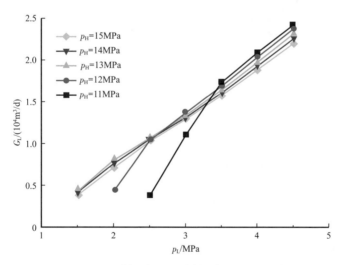

图 7-6-14　低压气流量随低压气压力的变化

（3）引射比变化。

装置的引射比是低压质量流量与高压质量流量之比，根据上面得到的高压气流量和低压气流量，可以得到相应的引射比，如图 7-6-15 和图 7-6-16 所示。从图 7-6-15 和图 7-6-16 中可以看出，随着高压气流量的增大，装置引射比会出现先增大后减小的趋势，引射比最大时高压气压力为 12～13MPa；但当低压气压力较高时（3.5MPa），引射比随高压气压力的增大只出现减小的趋势。同时，随着低压气压力的增加，引射比逐渐增大，且二者近似为线性关系。

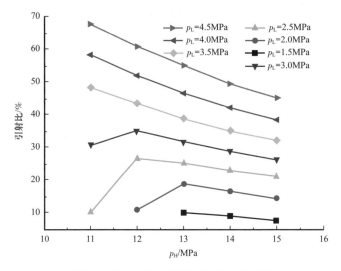

图 7-6-15　引射比随高压气压力的变化

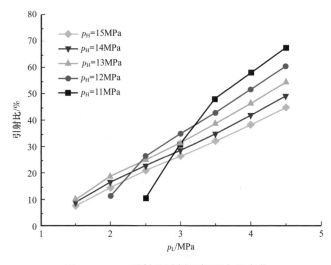

图 7-6-16　引射比随低压气压力的变化

三、应用模式

鄂尔多斯盆地上古生界气藏具有低孔、低渗、非均质等特性，开发过程中地层压力下降不均衡，高压井、低压井并存现象普遍。2007 年以来，为了提高低压气井的开井时率，发挥低压气井的产能和产量贡献率，开展低压气井喷射增压研究和试验[31]，共推广应用 17 套喷射增压装置，实现了 44 口低压间歇生产气井的增压连续稳定生产，取得了较好的应用效果。为解决低渗透、非均质性气藏开发过程中，局部低压气井增压生产探索出了新途径。

1. 集气站多井喷射增压模式

1) 应用背景

长庆气田靖边气田、榆林气田、子洲—米脂气田采用多井高压集气工艺。气井井口采出的高压天然气通过采气管线直接输入集气站，经过加热、节流、分离、脱水、计量后进入集气支线、干线，输送至天然气净化（处理）厂进行进一步处理。在高低压井并存的集气站，高压井需要节流降压后进入集输系统（系统压力 5～6MPa），低压气井进站压力接近系统集输压力，需要间歇关井，恢复压力后再开井生产，低压气井产能发挥受到限制。中高压集气模式下，开井一般需要配套注醇等工艺措施，防止井筒及地面形成水合物。频繁开关井增加气井管理难度和员工劳动强度。

2) 应用实例

（1）集气站情况。

榆 ac 站于 2003 年 10 月建成投产，现在共建井 23 口。站内主要设备有 3 台 8 井式天然气加热炉，3 台 DN600mm 的计量分离器和 1 台 DN1500mm 的生产分离器，处理量 $70 \times 10^4 m^3/d$ 预过滤器和气液聚结器各 1 台。气井井口采出的高压天然气经采气管线输入站内，采用加热炉以提高节流前的天然气温度，防止节流后温度低而形成水化物堵塞。加热后的高压天然气经针阀节流后，压力降为 5.0MPa 左右，经总机关合理分配后进入生产分离器或计量分离器将天然气中的凝析油、污水和机械杂质等进行初步分离，再同时通过预过滤器和气液聚结器二级分离脱水后，经 $\phi273mm \times 8mm$ 的管线输送至处理厂。

（2）设计参数确定。

榆 ac 站所辖的 23 口气井中，8 口低压井进站压力接近系统集输压力，采用间歇生产制度，榆 dc-ab 井等 5 口产能较好的气井，进站压力保持在 10～13MPa，单井日产气量（4～6）$\times 10^4 m^3$。选取高压井榆 dc-ab 井作为引射井，榆 de-ae 井、榆 de-ad 井和榆 dd-ae 井作为被引射井来进行试验，该站各井生产数据见表 7-6-1。

表 7-6-1 试验井生产数据表

井型	井号	生产时间 / h	油压 / MPa	套压 / MPa	进站压力 / MPa	日产气量 / $10^4 m^3$	日产水量 / $10^4 m^3$	备注
引射井	榆 dc-ab	24	14.2	14.6	13.9	6.8918	0.32	
被引射井	榆 de-ae	8	5.8	10.0	4.9	0.5199	0.20	间开
	榆 de-ad		5.2	11.2	4.8	0.1457	0.17	间开

根据表 7-6-1 的数据，确定出天然气喷射装置的一次气设计来气压力为 12MPa，设计流量为 $5.5 \times 10^4 m^3/d$；二次气来气设计流量为 $1.2 \times 10^4 m^3/d$，设计压力 2.0MPa，工作压力为 1.0～5.0MPa。

（3）配套流程设计。

利用高压井榆 dc-ab 井引射榆 de-ae 井和榆 de-ad 井两口低压井，根据现场流程及场地情况，该流程与试验井原生产流程并联，混合后经总机关进入生产分离器。总体布局如图 7-6-17 所示。

图 7-6-17　集气站喷射增压工艺流程

榆 dc-ab 井来气经加热炉、节流阀及闸阀进入天然气喷射装置作为高压气源（一次流体），榆 de-ae 井和榆 de-ad 井的来气分别经过加热炉、节流阀、闸阀、流量计后进入天然气喷射装置作为低压气源（二次流体），混合气经过计量总机关，进入计量分离器或生产分离器等脱水、过滤后外输。

（4）变工况性能试验。

为了验证喷射装置在气井运行参数发生变化条件下的引射性能，为运行过程中合理生产参数制订提供依据，投产初期在现场开展了试验[33]，分别在不同高压气压力和低压气压力下进行试验，获得了相应的高压气流量、低压气流量、混合后的总流量和引射比，同时测量了混合腔中间位置处的压力变化。现场试验结果表明，在高压气进气压力为 9～14MPa、低压气进气压力为 1.22～5.10MPa 的参数范围内，所引射的低压井气流量达到了（0.22～4.24）×$10^4 m^3$/d，天然气喷射装置的引射率为 3%～93%。变工况试验数据见表 7-6-2。

表 7-6-2　喷射装置工况性能表

高压压力 / MPa	高压流量 / （$10^4 m^3$/d）	低压压力 / MPa	低压流量 / （$10^4 m^3$/d）	混合腔压力 / MPa	混合流量 / （$10^4 m^3$/d）	引射比 / %
9	3.82	4.10	1.26	4.90	5.08	33
		5.03	3.54	4.10	7.36	93
10	4.54	3.50	0.83	4.80	5.37	18
		4.00	2.17	4.20	6.71	48
		5.00	4.24	3.70	8.78	93

高压压力 / MPa	高压流量 / (10⁴m³/d)	低压压力 / MPa	低压流量 / (10⁴m³/d)	混合腔压力 / MPa	混合流量 / (10⁴m³/d)	引射比 / %
11	5.11	3.05	0.54	4.40	5.65	11
		3.95	2.76	3.60	7.86	54
		5.10	4.15	3.30	9.26	81
12	5.73	2.50	0.60	3.60	6.33	10
		3.02	1.37	3.40	7.10	24
		4.02	2.85	3.10	8.58	50
		4.99	3.82	3.10	9.55	67
13	6.38	1.78	0.41	3.30	6.78	6
		2.01	0.77	3.00	7.15	12
		3.01	1.75	3.00	8.12	27
		4.01	2.68	2.40	9.06	42
		4.48	3.15	2.70	9.52	49
14	7.02	1.22	0.22	2.40	7.24	3
		1.58	0.39	2.20	7.41	6
		2.02	0.82	2.30	7.83	12
		3.00	1.78	2.10	8.79	25
		4.00	2.53	2.30	9.54	36
		4.50	2.96	2.60	9.98	42

（5）生产运行试验效果。

通过对两口低压气井喷射增压运行生产进行长期跟踪分析，验证了喷射增压工艺长期生产稳定性能。

① 榆 de-ae 井。

榆 de-ae 井于 2009 年 9 月 12 日接入喷射装置生产，喷射引流试验前后生产情况对比见图 7-6-18 和表 7-6-3。

榆 de-ae 井在 2008 年的全年开井时率为 38.78%，2009 年在 9 月 12 日之前的开井时率是 34.92%，2009 年 9 月 12 日后，榆 de-ae 井进入喷射引流生产，开井时率为 99.04%，实现了连续生产。气井开井期间平均日产气量由 $0.5322\times10^4m^3$ 提高到 $0.5584\times10^4m^3$。综合分析，应用喷射引流技术后，3 个月内气井增产 $40.7370\times10^4m^3$。

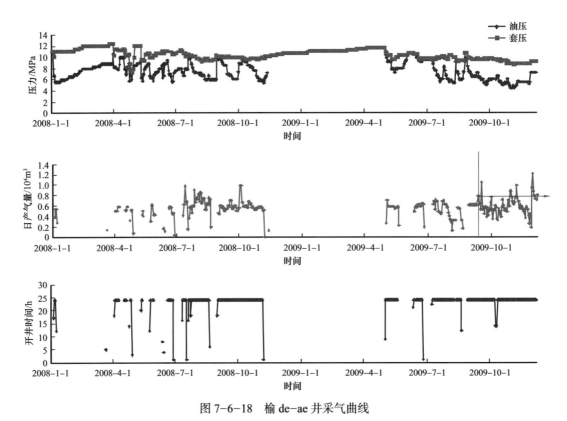

图 7-6-18　榆 de-ae 井采气曲线

表 7-6-3　榆 de-ae 井喷射引流试验前后生产情况对比表

对比	生产时间 / h	油压 / MPa	套压 / MPa	进站压力 / MPa	平均日产气量 / 10^4m³
试验前（间歇生产）	24	6.4	9.8	5.3	0.1914
喷射引流（连续生产）	24	4.4	9.0	4.1	0.5584

② 榆 de-ad 井。

榆 de-ad 井于 2009 年 9 月 6 日接入喷射装置生产，喷射引流试验前后生产情况对比见图 7-6-19 和表 7-6-4。

表 7-6-4　榆 de-ad 井喷射引流试验前后生产情况对比表

对比	生产时间 / h	油压 / MPa	套压 / MPa	进站压力 / MPa	平均日产气量 / 10^4m³
试验前（间歇生产）	24	6.4	11.0	5.2	0.0988
喷射引流（连续生产）	24	3.5	8.4	3.2	0.2651

榆 de-ad 井在 2008 年的全年开井时率为 20.91%，2009 年在 9 月 12 日之前的开井时率是 33.74%，2009 年 9 月 12 日后，榆 de-ad 井进入喷射引流生产，开井时率为 88.35%，

实现了连续生产。开井期间平均日产气量由 $0.2916 \times 10^4 m^3$ 调整为 $0.2651 \times 10^4 m^3$。综合分析，应用喷射引流技术后，3 个月内气井增产 $19.4571 \times 10^4 m^3$。

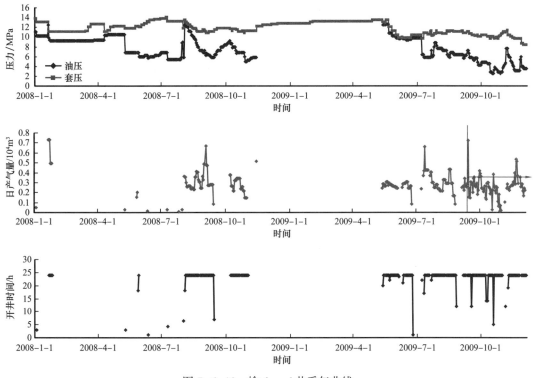

图 7-6-19　榆 de-ad 井采气曲线

2. 丛式井组喷射增压模式

1）应用背景

长庆鄂尔多斯盆地属于半干旱黄土高原和沙漠地带，生态脆弱、地貌复杂，特别是子洲、神木等气田，梁峁纵横、沟壑交错。从保护生产环境和降低工程建设成本考虑，部分区块采用丛式井组开发，气井采用了多井单管串接集气工艺。产能差异较大的气井，通过一条管线串接集输，气井之间存在干扰问题，低压气井产能基本无法发挥。前期解决此类矛盾的主要手段为气井轮流间歇关井生产。频繁开关井增加了气井管理难度和员工劳动强度。

2）应用实例

（1）试验站情况。

洲 e 站于 2006 年 11 月建成投产，现共建井 10 口。集气站工艺流程概括为：高压集气、集中注醇、加热节流、生产分离、外输。天然气经过分离后进入西干线，最后进入米脂天然气处理厂，输至榆林天然气处理厂。集气站辖一个两井丛式井组，共用一条集输管线生产。

（2）设计参数确定。

洲 e 站喷射引流试验井选择的是丛式井组的米 dj-ad 井和米 dj-ac 井。两口井共用一条进站管线，由于气井压力干扰，两口井实行轮流生产制度。米 dj-ad 井较米 dj-ac 井产量高、生产平稳，能在产量 $1.5 \times 10^4 m^3/d$、油压 12MPa 下平稳生产。因此，选择米 dj-ad 井作为引射井引射米 dj-ac 井，实现两口井的同时生产，两口井的生产数据见表 7-6-5。

表 7-6-5　试验井生产数据表

井型	井号	生产时间 / h	油压 / MPa	套压 / MPa	进站压力 / MPa	日产气量 / $10^4 m^3$	日产水量 / $10^4 m^3$	备注
引射井	米 dj-ad	24	10.55	11.0	9.28	1.56	0.63	
被引射井	米 dj-ac		6.20	7.7	6.10	1.18	0.25	间开

根据喷射引流气井的历年生产情况，确定出天然气喷射装置的一次气设计来气压力为 11MPa，设计流量为 $1.5 \times 10^4 m^3/d$；二次气来气设计流量为 $0.5 \times 10^4 m^3/d$，设计压力 3.0MPa，工作压力为 1.0~5.0MPa。

（3）配套流程设计。

丛式井组喷射增压工艺利用米 dj-ad 井作为引射井，米 dj-ac 井为被引射井，通过喷射装置实现两口井同时生产。米 dj-ad 井天然气从井口出来后进入喷射装置作为高压气源，米 dj-ac 井天然气从井口出来后进入喷射装置作为低压气源，通过喷射装置增压混合后，进入一条进站集输管线输往洲 e 站。

丛式井组喷射引流工艺流程如图 7-6-20 所示。

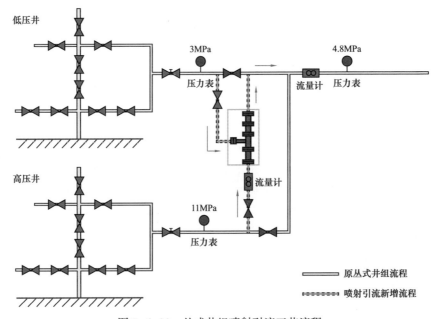

图 7-6-20　丛式井组喷射引流工艺流程

（4）生产运行试验效果。

采用喷射引流工艺之前，米 dj-ad 井和米 dj-ac 井实行轮流生产制度。2009 年全年两口井累计生产气量 $403.5614 \times 10^4 m^3$，平均开井时率 40.62%；2010 年投运之前，两口井累

计生产气量 $260.5175 \times 10^4 \mathrm{m}^3$，平均开井时率 38.68%。从 2010 年 7 月 14 日喷射装置投产至 2011 年 2 月 25 日，两口井实现了同时生产，累计生产气量 $364.5663 \times 10^4 \mathrm{m}^3$，平均开井时率 74.67%，累计增产气量 $94.9130 \times 10^4 \mathrm{m}^3$，如图 7-6-21 所示。

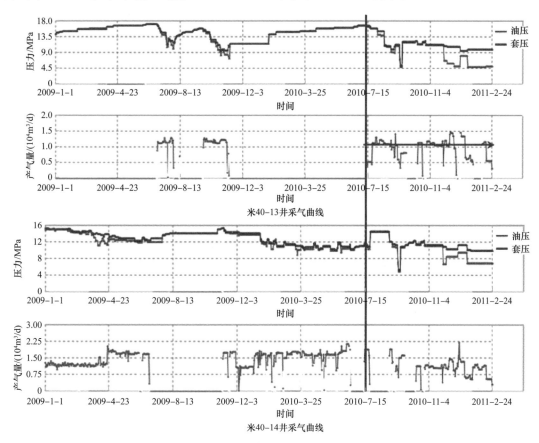

图 7-6-21　丛式井组喷射装置应用前后生产情况对比

3. 压缩机—喷射二级增压模式

1）应用背景

增压稳产是气田开发的一个必经阶段，压缩机增压是目前主要的增压工艺。对于开发井网一次成网气田，增压初期，压缩机规模与产能匹配，但随着气田的开发，气井的产能不断降低，压缩机处于低负荷运行，给压缩机的寿命和平稳运行带来了挑战，不得已的措施是将压缩机压缩后的高压天然气重新导入压缩机，以增加压缩机工作负荷，存在能量的浪费。另外，对于低渗透气田，由于储层非均质性强，连通性差，气井的进站压力差异比较大，部分高压井及部分气井短期关井后压力回升，需要节流后进入压缩机增压，压缩机整体增压效率低，气井能量没有得到充分利用。

靖边气田于 2004 年进入自然稳产期，为了配合增压稳产的到来，先期开展压缩机增压试验[30]。靖边气田集气站外输压力 5.2MPa，设计压缩机入口压力 2.0MPa。通过对多

个已投产的增压站的运行分析,主要存在两个方面的不足:

(1)部分高压气井能量没有充分利用。

集气站普遍存在高低压井同时生产的现象,部分低压井关井后压力回升高于压缩机入口压力,需要节流降压后再进入压缩机增压外输,以满足压缩机对处理气量的要求。以南×站为例,如图7-6-22所示,压缩机系统入口压力为2~3MPa,部分高压井的进站压力为6.8~10MPa,需要先节流降压后再进入压缩机增压,高压井能量没有得到充分的利用。

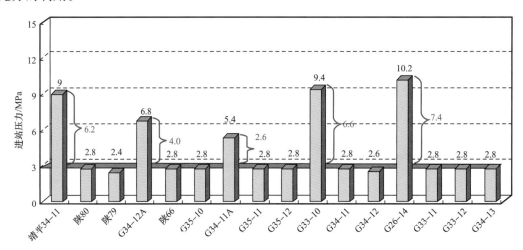

图7-6-22 南×站高低压井进站压力差

(2)压缩机低载荷运行长期存在。

压缩机组最低进气压力为1.4MPa,排气压力为5.8MPa。投产初期,对9口老井实施增压,6口新井没有接入压缩机,压缩机处理气量为22.5×10⁴m³/d。由于气量不足,压缩机长期处于低载荷运行,后将6口新井节流后接入压缩机,处理气量增加到28×10⁴m³/d,同时将压缩缸做功变为双程单作用,压缩机运行载荷约为50%,仍略低于合理运行载荷。

由于压缩机长期低负荷运行,压缩机故障率偏高,从2006年投运以来,平均每年发生10次运行故障,气井的平稳生产受到了影响。

2)配套流程设计

喷射增压可以充分利用高压气源的能量,实现低压气井增压,与压缩机组合应用,可以明显提高增压站的能量利用效率。

(1)喷射增压的高压气源。

喷射增压必须具有高压工作气体,高压是相对喷射器出口压力而言。喷射器出口压力为2~3MPa,所以作为喷射增压的高压气源有两个来源:一是压缩机增压后的5.6MPa气流;二是部分高压气井以及其他原因关井后压力恢复气井。

(2)组合增压工艺流程。

图7-6-23为喷射器和压缩机组合增压工艺流程示意图,流程可以实现所有气井通过节流针阀直接进入压缩机增压,同时可以选择1口或多口高压气井或压缩机增压后气流作

为喷射器高压气源，选择 1 口或多口低压气井作为喷射器低压气源，经喷射器后汇入压缩机。

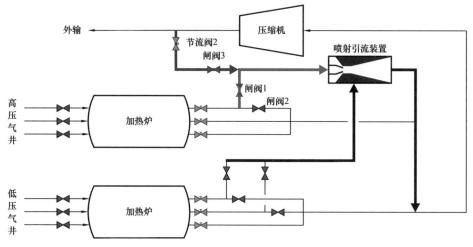

图 7-6-23　压缩机喷射二级增压工艺流程图

（3）喷射增压模拟分析。

压缩机设计进口压力为 2.0MPa，应用喷射装置以后，低压进站压力 1.5MPa，装置的引射比近 100%，即利用 $5 \times 10^4 \mathrm{m}^3/\mathrm{d}$ 的 5.0MPa 高压气，可以引射 $5 \times 10^4 \mathrm{m}^3/\mathrm{d}$ 的 1.5MPa 的低压气到 2.0MPa 进入压缩机增压集输，按低压气井单井 $0.5 \times 10^4 \mathrm{m}^3/\mathrm{d}$ 产量计算，可以引射 8~10 口低压井到 1.5MPa，可以将 4 口低压气井引射到 1.3MPa。可以降低被引射井的井口压力，提高气井最终采收率。

（4）预期效果分析。

通过以上三个方面的分析可以看出，靖边气田可以实现喷射器和压缩机的组合应用，能够有效提高增压站的能量利用效率，具有良好的经济效益和社会效益，具体表现为：① 对高压井节流浪费的部分能量进行利用，提升能量利用效率；② 进一步降低被引射的低压井井口压力，可提高最终采收率；③ 减少压缩机低载荷运行时间，延长寿命，降低维护成本。

4. 集气站放空气回收模式

1）应用背景

气田开发过程中，天然气放空不可避免，尽管放空的天然气都进行了点燃，对环境的污染降到了最低，但资源没有得到充分利用，回收集气站内放空点燃的天然气是各大气田面临的一项难题。集气站放空的主要原因有两点：一是站内检修以及设备维修和更换。集气站每年都要检修一次，需要关闭气井井口闸阀和站内外输闸阀，点燃放空管线中的天然气，使站内和地面管线压力从 5 MPa 左右降为零，然后进行氮气置换，完成后进行其他相关操作。设备维修动火也需要相似的操作，同样需要放空管线内的天然气。二是水合物堵塞天然气管道，部分井需要放空解堵。以某气田为例，每次放空管线压力需要从系统压力

5.3MPa 放到 0MPa，冬季平均月放空天然气 $92 \times 10^4 m^3$。

2）配套流程设计

利用集气站高压高产气井作为引射气源，将集气站进站放空总机关接入喷射装置被引射端。图 7-6-24 为设计的回收放空天然气的生产流程。当单井集输管线需要放空天然气时，关闭该井进加热炉前的闸阀，打开进入喷射流程的闸阀；其他管线也可以同时打开进入喷射流程的闸阀[37]。

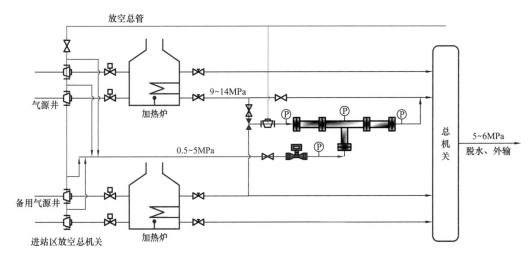

图 7-6-24　集气站放空天然气喷射回收工艺流程图

靖边气田气井陕 × 井，地面管线规格为 76mm×8mm，从井口到集气站管线总长为 5.73km，外输系统压力为 5.3MPa，该井需要放空作业。按照图 7-6-24 所示流程，将放空管线接入喷射系统后，管线压力与时间的关系曲线如图 7-6-25 所示。

从图 7-6-25 可以看出，管线压力先急剧下降，后逐渐平缓，这主要与喷射装置性能有关，即喷射装置低压入口压力越高，瞬时吸入气量越大。试验表明，经过 60min，管线压力从 5.3MPa 降低至 1.2MPa，放空天然气回收率 77.4%。

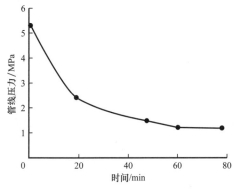

图 7-6-25　管线内压力随时间变化关系

5. 喷射增压排除井筒积液模式

利用喷射增压工艺可以显著降低井口油压、增加气井瞬时气量的特性，可以用来排除井筒积液。将有积液的气井定期倒入喷射增压流程，提高气井瞬时气量，实现排除井筒积液的目的，气井排除井筒积液后，改为原流程正常生产。

试验选取低压井榆 × 井。该井由于能量不足，生产一段时间后，产量下降，无法满足气井携液要求，油压逐渐下降，套压变化不大，油套压差逐渐拉大。试验前，套压 7.28MPa，油压 3.2MPa，油套压差达到 4.08MPa，现场判断为井筒积液。

图 7-6-26 为利用喷射技术排除井筒积液过程曲线，可以看出，当采用喷射生产时，瞬时气量由 $0.75 \times 10^4 m^3/d$ 迅速增加到 $1.73 \times 10^4 m^3/d$；套压缓慢下降，油压先下降后又快速上升，井筒内的积液开始排出，油套压和产气量逐渐稳定。排液过程持续了 1.5h，油套压差由试验前的 3.78MPa 缩小为 1.15 MPa，累计产液近 $1.1m^3$，排液后气井生产稳定。

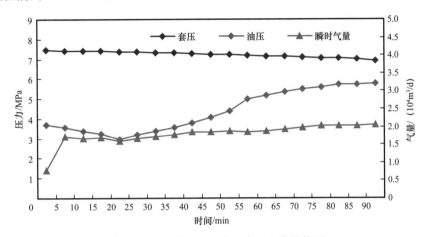

图 7-6-26　排液过程中油套压变化趋势图

第八章 气井全生命周期排水采气策略及技术

针对气井各生产阶段不同技术独立运行、工艺衔接性差、措施费用高、生产组织及管理难度大等问题，结合致密气井生产特征，采用逆向思维、正向设计，从满足气井排水采气、井下节流技术需求出发，通过不同工艺、工具的一体化设计，形成气井全生命周期生产技术。

第一节 低产小水量气井全生命周期完井设计

苏里格气田属于典型致密气藏，气井投产初期压力、产量递减快，单井高压生产期为2~3年，为延长气井有效生产期并降低综合开发成本，气井高压期应用井下节流实现中低压集输模式，高压期结束开展排水采气发挥剩余产能提高采收率。

一、常规管柱气井全生命周期完井设计

预置式井下节流器由于专用锚定和密封工作面较卡瓦式井下节流器易打捞，成为苏里格致密气田井下节流主体应用技术。柱塞气举以其适应气量范围广、产出投入比高等优点被认为是低产及致密气藏最经济有效的排水采气工艺。

气井生产从高压节流期转到排水采气期，常规措施为井下节流器打捞后投放柱塞气举坐落器实施排水采气，两种工艺"互不相干"，若井下节流器打捞不成功，无法实施柱塞气举排水采气。

从满足气井排水采气、井下节流技术需求出发，在现有节流器结构基础上，通过气嘴失效机构研发、可溶销钉应用以及坐封位置优化，研发形成免打捞节流器，如图8-1-1至图8-1-3所示。工具高压期结束后节流器气嘴自动脱落形成中心大通道，剩余部分作为低压期柱塞气举的井下坐落器，实现工艺有效衔接。

二、2in 连续采气管全生命周期完井设计

针对长庆气田 $4\frac{1}{2}$in、$5\frac{1}{2}$in 套管气井投产时下入 ϕ60.3mm×4.83mm EU N80 油管作为生产管柱导致完井周期长、自然连续生产期短以及采气综合成本高等问题，以提质增效为目标，通过双卡瓦连接器、多功能节流堵塞器等关键工具研发，形成 2in 连续采气管完井技术。技术满足气井高压期井下节流、低压期速度管柱全通径排水采气、间歇期柱塞气举、枯竭期带压起管的全生命周期生产需求。

2in 连续采气管完井通过双卡瓦连接器与常规油管悬挂器连续实现采气管柱悬挂，如图8-1-4所示。

多功能节流堵塞器连接在 2in 连续采气管尾端,满足带压下钻、井下节流降压、柱塞排液气举、起管堵塞的工艺需求。

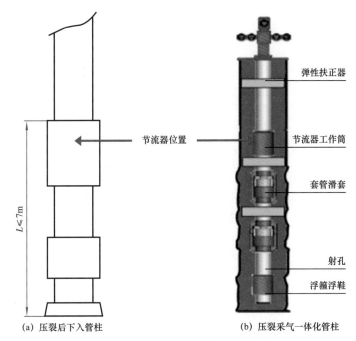

| (a) 压裂后下入管柱 | (b) 压裂采气一体化管柱 |

图 8-1-1　节流器坐封位置示意图

(a) 节流器部分　　　　　　　　　　　　(b) 气嘴及防砂罩部分

图 8-1-2　免打捞节流器结构示意图

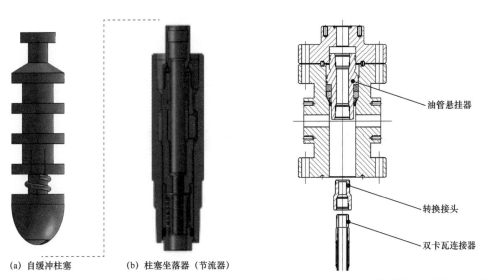

(a) 自缓冲柱塞　　(b) 柱塞坐落器(节流器)

图 8-1-3　免打捞节流器结构示意图

图 8-1-4　2in 连续采气管井口悬挂方式示意图

如图 8-1-5 所示，带压下钻完成后，通过井口加压泵出堵头至筛网回收笼，实现气井井下节流生产。高压期结束后再次通过井口加压泵出节流嘴至筛网回收笼实现气井速度管柱全通径生产。当气井间歇期到达，井口安装防喷及控制装置，井下投放柱塞、多功能节流堵塞器（结构如图 8-1-6 所示）作为柱塞坐落器，实现柱塞气举生产。

图 8-1-5　2in 连续采气管连接多功能节流堵塞器下钻现场施工图

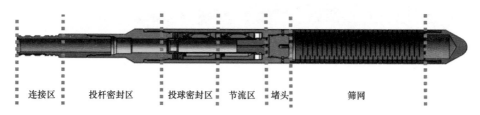

| 连接区 | 投杆密封区 | 投球密封区 | 节流区 | 堵头 | 筛网 |

图 8-1-6　多功能节流堵塞器结构示意图

针对多功能节流堵塞器井下节流功能提前失效的问题，可通过钢丝作业在 2in 连续采气管内合理位置投放活动式井下节流器，如图 8-1-7 所示。高压节流期结束，再通过钢丝作业打捞活动式井下节流器，满足气井后期生产需求。

图 8-1-7　2in 连续采气管活动式井下节流器示意图

第二节　大水量气井全生命周期完井设计

针对长庆气田水量大、水气比高的富水区，存在常规泡排、速度管柱、柱塞气举等排水采气技术适应性不强、措施有效率低、经济效益差的问题，以气藏排水、点排面采为理念，井筒、地面一体化设计最终实现富水区有效开发。

前期针对大水量气井相继开展了机抽、电潜泵、射流泵、连续气举强排水工艺试验，通过对比分析得出射流泵、连续气举工艺在提升效果和降低成本方面具有潜力。将射流泵与连续气举结合后实现井底气动喷射引流，可以大幅度降低井底流压，提升气井排液效果。

基于气藏可动水饱和度和产水量评价结果，在大水量气井完井阶段一次性安装射流泵，初期用于压裂后快速返排投产，后期与集中气举结合实现气动喷射引流，探索工艺进一步降低成本和提升效率的途径，如图 8-2-1 至图 8-2-3 所示。

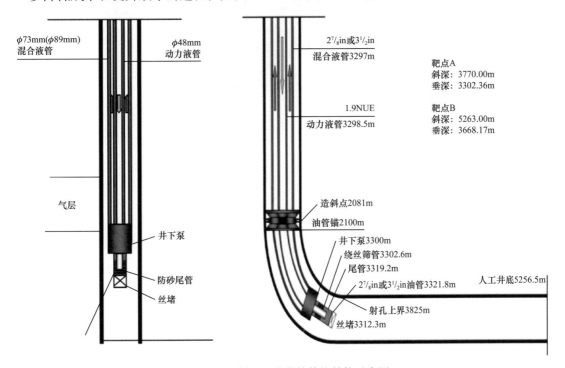

图 8-2-1　射流工艺井筒管柱结构示意图

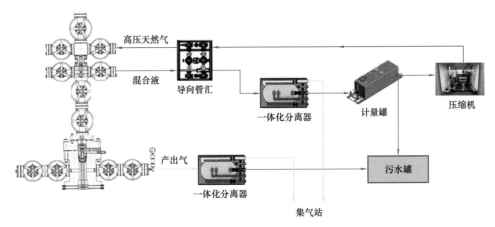

图 8-2-2　单井天然气动力介质射流试验流程示意图

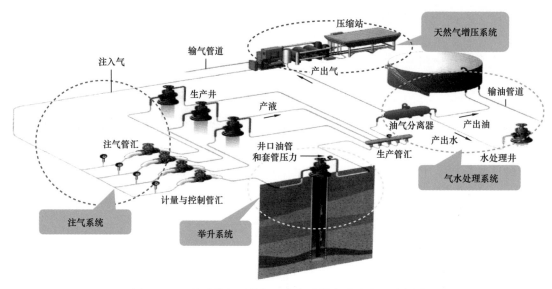

图 8-2-3　丛式井组天然气动力介质射流试验流程示意图

参 考 文 献

［1］《中国油气田开发志》编委会.中国油气田开发志［M］.北京：石油工业出版社，2008.

［2］李天才，徐黎明.鄂尔多斯盆地榆林气田开发模式［M］.北京：石油工业出版社，2010.

［3］万仁溥.现代完井工程［M］.北京：石油工业出版社，2000.

［4］赵喜民，王振嘉.苏里格气田钻采工艺技术［M］.北京：石油工业出版社，2018.

［5］张书平，白晓弘，樊莲莲，等.低压低产气井排水采气工艺技术［J］.天然气工业，2005（4）：25.

［6］韩兴刚，冯朋鑫.苏里格气田天然气集输新技术［M］.北京：石油工业出版社，2015.

［7］赵彬彬，白晓弘，陈德见，等.速度管柱排水采气效果评价及应用新领域［J］.石油机械，2012，40（11）：62-65.

［8］李士伦.天然气工程［M］.北京：石油工业出版社，2000.

［9］温守国.气井出水与积液动态分析研究［D］.青岛：中国石油大学（华东），2010.

［10］康成瑞，徐斌，李兴.天然气井井筒积液预测方法解析［J］.新疆石油天然气，2009，5（2）：74-76.

［11］李晓平.浅谈判别气井井底积液的几种方法［J］.钻采工艺，1992，15（2）：27，41-44.

［12］杨川东.采气工程［M］.北京：石油工业出版社，1997.

［13］何顺利，顾岱鸿，田树宝.排水采气［M］.北京：石油工业出版社，2009.

［14］李旭日，田伟，李耀德，等.柱塞气举排水采气远程控制系统［J］.石油钻采工艺，2015，37（3）：76-79.

［15］Oyewole P O，Garg D K. Plunger lift application and optimization in the SanJuan North Baisn-our journey［C］. SPE 106761，2007.

［16］Lea J F，Dunham C L. Methods remove liquids in gas wells［J］.The American Oil & Gas Reporter，2007，50（3）：79-84.

［17］Mohamed H. Plunger lift applications：challenges and economics［C］. SPE 164599-MS，2013.

［18］Pagano T A. Smarter clocks automate multiple well plunger lift［J］. Oil & Gas Journal，2006（31）：38-41.

［19］杨亚聪，穆谦益，白晓弘，等.柱塞气举排水采气技术优化研究［J］.石油化工应用，2013,32（10）：11-13

［20］李锐，蔡昌新，李勇，等.多模式优化下的柱塞气举排水采气控制系统设计［J］.石油钻采工艺，2016，38（5）：673-677.

［21］Turner R G，Htlbbard M G. Analysis and prediction of minimum flow rate for the continuous removal of liquids from gas wells［C］. SPE 2198，1969.

［22］Li M. New view on continuous removal liqulds from gas wells［C］. SPE 70016，2001.

［23］李闽，郭平，谭光天.气井携液新观点［J］.石油勘探与开发，2001，28（5）：105-106.

［24］刘广峰，何顺利，顾岱鸿.气井连续携液临界产量的计算方法［J］.天然气工业，2006，26（10）：114-116.

［25］Solomon F A，Falcone G，Teodoriu C. Critical review of existing solutions to predict and model liquid loading in gas wells［C］. SPE 115933，2008.

［26］Nosseir M A，Darwich T A，Sayyouh M H，et al. A new approach for accurate prediction of loading in gas wells under different flowing conditions［C］. SPE 37408，1997.

［27］Hagedorn A R，Brown K E. Experimental study of pressure gradients occurring during continuous two-phase flow in small diameter vertical conduits［J］. Journal of Petroleum Technology，1965，17（4）：475-484.

［28］吴志均，何顺利.低气液比携液临界流量的确定方法［J］.石油勘探与开发，2004，31（4）：108-111.

［29］金忠臣，杨川东，张守良，等.中国石油勘探开发百科全书——工程卷［M］.北京：石油工业出版社，2008.

［30］金忠臣，杨川东，张守良，等.采气工程［M］.北京：石油工业出版社，2004.

［31］刘双全，吴革生，陈德见，等.低压天然气井高效开采喷射引流技术［J］.油气田地面工程，2009，28（11）：29-30.

［32］张书平，刘双全，陈德见，等.天然气喷射引流技术在靖边气田的应用试验［J］.新疆石油天然气，2008，4（S）：113-119.

［33］吴革生，刘双全，张振红，等.天然气喷射引流装置变工况性能试验［J］.天然气工业，2009，29（10）：83-85.

［34］钟海全，李颖川，马辉运，等.气体加速泵排水采气举升效率研究［J］.石油钻采工艺，2005（1）：50-52.

［35］赵立虎，宋道杰，何广智，等.螺杆泵排水采气杆柱强度设计方法研究［J］.石油矿场机械，2009（8）：88-91.

［36］张义贵.用气体喷射器压缩天然气［J］.华北石油设计，1989，5（4）：52-57.

［37］刘双全，陈德见，汪雄雄，等.集气站放空气喷射回收技术［J］.油气田地面工程，2011，30（4）：44-45.

［38］刘波，杨光，徐广军，等.靖边气田压缩机组前期实施效果分析［J］.石油规划设计，2010，21（4）：26-28.